L'Univers Yin Yang

L'Univers Yin Yang

La Danse Invisible de l'Univers

Marc Letourneau

Remerciements

Je suis profondément reconnaissant envers mes chers amis qui ont consacré du temps à la relecture de ce livre. Je remercie Dan Crouthamel, Felix Clairvoyant et Larry Abdullah pour avoir relu la première édition en anglais. Je suis également reconnaissant envers Wolfgang Black pour sa préface perspicace. Merci à tous. J'apprécie la NASA pour ses images spatiales à couper le souffle (une utilisation digne des fonds publics). Par-dessus tout, ma profonde gratitude va à Raël, dont le message des terraformeurs de la planète Terre (confirmant le concept de Fermi, faussement nommé le paradoxe de Fermi) m'a fourni une base solide qui m'a guidé vers une meilleure compréhension du mécanisme fondamental de l'Univers, en espérant être proche de la réalité.

Table of Contents

x

Avant-propos

Imaginez un Univers infini, oscillant et dansant, avec des « petits bangs » et des « petites compressions » se produisant simultanément à travers l'espace. Les idées présentées dans ce livre remettent en question les conceptions actuelles de l'Univers de manière fondamentale, y compris la deuxième loi de la thermodynamique et chaque « constante universelle » existante. Elles offrent au lecteur la liberté de penser en dehors des cadres de référence autoproclamés et permettent une réévaluation complète des paradigmes actuels.

Écrit par un penseur libre non-physicien, le texte « va là où aucun homme n'est allé auparavant », totalement libéré des paradigmes, consensus et dogmes existants. Une telle approche ne devrait pas être écartée d'un revers de la main.

Reconnaissant que chaque théorie repose sur des axiomes ou des postulats, l'auteur souligne que les postulats de la physique actuelle sont basés sur des concepts essentiellement mystiques et surnaturels, ce qui mène à un manque de compréhension : Qu'est-ce qu'une force ? Qu'est-ce qu'un champ de force dans un espace vide ? Qu'est-ce que cela signifie ? Comment cela fonctionne-t-il ?

Quand les scientifiques affirment que des questions comme « qu'y avait-il avant le Big Bang ? » relèvent des philosophes, ils éludent simplement la question. Toute science repose sur des postulats, comme une maison sur ses fondations. Si ces postulats ne correspondent pas à la réalité, la science vacille.

De nouveaux postulats (ou bases) sont proposés dans ce livre. Certains éléments d'une « nouvelle maison » sont élaborés sur cette fondation. Les lecteurs sont invités à développer cette nouvelle maison et à voir si elle tient debout. Cette fondation est un tremplin pour de nouvelles théories qui pourraient mieux expliquer ce qui est observé, comme la physicalité de la gravité, qu'aucun modèle n'a proposée jusqu'à présent. Bien sûr, de nouvelles formulations mathématiques seront nécessaires. Ces nouveaux postulats recherchent des raisons réelles et tangibles pour ce qui est observé et fournissent des réponses à des questions que la science actuelle n'a jamais résolues. Cela mérite d'être examiné, car c'est le seul modèle proposé à ce jour qui peut répondre à ces questions, grâce à ses nouveaux ensembles de postulats débarrassés de tout mysticisme.

En écrivant ce livre, Marc Letourneau a l'avantage distinct de NE PAS avoir été formé en physique, et comme l'un des principaux sous-produits de l'éducation est la conformité, cela fait de lui un non-conformiste. Les esprits ouverts et les penseurs libres sont un atout précieux pour l'enquête scientifique, car le consensus peut souvent pointer dans la mauvaise direction.

Les spéculations sur la physicalité de l'Univers ont cédé la place à des abstractions mathématiques. Celles-ci peuvent être si éloignées de la réalité qu'elles pourraient être considérées comme un exercice futile, voire comme une « physique selon Monty Python ».

Considérez ceci : qu'y a-t-il au-delà de l'Univers en expansion ? Combien d'espace vide y a-t-il et jusqu'où s'étend-il? Que signifie « courbure de l'espace » dans un espace vide ? Comment une communication entre deux points peut-elle se produire dans un espace vide sans support physique ? Jusqu'où le continuum espace-temps peut-il s'étirer ?

La complexité effroyable des théories actuelles peut flatter l'ego de certains physiciens, mais une complexité excessive est généralement le signe que quelque chose ne va pas. Je crois que la vérité est toujours belle et simple.

Quand un couple en voyage roule sur la mauvaise autoroute et que les signes de leur égarement deviennent de plus en plus évidents, combien de temps leur faut-il pour réagir ? Pourquoi cela prend-il autant de temps, et qui a le courage de parler ? La puissance du consensus et du dogme est immense, et la peur de mal paraître est l'un des principaux freins des scientifiques.

Que les explications fournies ici se révèlent exactes ou non, elles offriront matière à réflexion et défieront la pensée commune d'une manière totalement nouvelle. Ce livre arrive à point nommé et illustre qu'il est temps de penser en dehors des sentiers battus. Il propose une nouvelle voie qui permettra au lecteur de porter un regard neuf, tout en se libérant de ce qui est généralement perçu comme des lois ou vérités fondamentales incontournables.

Cher lecteur, quel que soit votre intérêt pour la physique, je vous recommande vivement de considérer sérieusement ce livre provocateur, ne serait-ce que pour découvrir combien d'idées novatrices peuvent émerger. Bonne lecture !

Wolfgang Blach, P.Eng., Ph.D.

Préface

Bien que ma formation supérieure soit en statistiques de mesure plutôt qu'en physique, j'ai toujours été captivé par les mystères de l'Univers. Bien que je ne prétende pas être un expert dans la littérature scientifique de la physique, et très loin de là, mon exploration de ce domaine a révélé une lacune critique : l'absence d'un modèle physique complet de l'Univers. En tant que jeune étudiant, j'étais fasciné par la physique des ondes électromagnétiques, et au fil des années, j'ai continué à lire sur la physique. Très tôt, j'ai reconnu des failles dans notre compréhension de l'Univers, en particulier avec le modèle du Big Bang, qui propose un début illogique. En revanche, un modèle infini semblait plus plausible, bien que difficile à appréhender. Cette perspective m'a encouragé à penser de manière non conventionnelle, évitant l'endoctrinement répétitif souvent rencontré dans les études traditionnelles. Pendant mes années universitaires (pas en physique), des idées fondamentales ont commencé à prendre forme, me conduisant à proposer un modèle complet basé sur la cinétique des forces régissant l'Univers[1]. Cette prise de conscience a guidé ma recherche d'un cadre cohérent, et je crois avoir développé un concept qui me parle.

Ce livre offre un aperçu concis de mon modèle, qui, je l'espère, inspirera ceux qui ont une expertise avancée à le développer davantage. Je les encourage à élaborer les arguments scientifiques rigoureux nécessaires pour valider

---

[1] Le principe de Yin, unifiant théoriquement toutes les forces d'intégration, a été imaginée en 1979, suivi par le principe du Yang en 1981 qui, aussi en théorie, unifie toutes les forces de désintégration de l'Univers, que ce soit dans l'infiniment petit ou dans l'infiniment grand. Cela reste à être confirmé.

ce cadre théorique par rapport aux modèles existants. S'il s'avère valide, ils pourront enrichir le « squelette » de base que j'ai esquissé ici. Initialement, j'ai hésité à publier cet ouvrage, laissant le manuscrit intact pendant que je poursuivais d'autres projets. Cependant, les récents développements dans la littérature scientifique m'ont convaincu que le moment était venu de le partager, en particulier cette 6e édition (les autres éditions, sauf une, n'étaient pas accessibles au public).

I - Tabula Rasa

À bord du petit vaisseau spatial Terre, les humains ont toujours médité sur le vaste milieu qu'ils habitent et dont ils font partie. À la question « où sommes-nous ? », des personnes de tous les continents ont proposé des réponses variées, accumulant une richesse de connaissances sur des milliers d'années.

Pouvons-nous dire que nous en savons plus aujourd'hui qu'autrefois ? Absolument ! Nous traversons les océans en quelques heures et lançons des satellites au-delà de notre système solaire, prouvant une meilleure maîtrise de notre environnement. Pourtant, malgré ces exploits, la compréhension de l'Univers par les scientifiques reste superficielle. Ils peuvent calculer des trajectoires en utilisant des formules mathématiques précises de la gravité, mais comprennent-ils vraiment le mécanisme derrière cette force fondamentale ? Nous soutenons qu'ils n'en savent presque rien.

C'est une question profondément sérieuse, à mon avis. Il est frappant que nous puissions exploiter pratiquement la force gravitationnelle tout en ne comprenant toujours pas sa véritable nature, un casse-tête pour tout esprit curieux. Le terme « force » ici ne fait que désigner un phénomène dont le fonctionnement interne demeure un mystère. Fascinant, pour le moins !

Il faut comprendre que Newton, le « découvreur » de la gravitation, avait bien saisi le lien entre cette force sur Terre, la Lune et les planètes, et l'avait exprimé sous forme d'équation mathématique, sans toutefois en comprendre le fonctionnement. En mentionnant Newton, le professeur Dr. Pavel Kroupa (Université de Bonn) a écrit :

> « Bien que sa théorie décrive, en effet, les effets quotidiens de la gravité sur Terre, des choses que nous pouvons voir et mesurer, il est concevable que nous ayons complètement échoué à comprendre la véritable physique sous-jacente à la force de gravité ». [2]

Il n'y a rien de plus banal et de plus familier pour les humains que la gravité. La Terre, la Lune, le Soleil et toutes les galaxies sont influencés par elle. Absolument tout ce que nous faisons en termes de mouvements dépend, d'une manière ou d'une autre, de la force gravitationnelle, bien que la plupart d'entre nous y pensent rarement. Mais aussi familière que soit l'expérience de la gravité, et aussi précisément que les scientifiques décrivent son effet mathématiquement, ils n'ont toujours pas la moindre compréhension de son fonctionnement. Cette situation devrait nous rappeler qu'il serait sage d'abandonner une attitude arrogante du type « nous savons tout » et d'aborder la question avec humilité.

La théorie de la gravité d'Einstein, ancrée dans la relativité générale, repose sur le tenseur d'Einstein, un outil mathématique qui représente l'espace-temps comme un tissu flexible. Ce tenseur est constitué de points mathématiques formant une structure d'espace-temps imaginaire. Le problème est clair : Einstein et ses

---

[2] Metz, Manuel; Kroupa, Pavel; Jerjen, Helmut: Discs of Satellites: the new dwarf spheroidals (Monthly Notices of the Royal Astronomical Society 2009; doi: 10.1111/j.1365-2966.2009.14489.x), Cited in physorg.com (http://www.physorg.com/news160726282.html). Traduit par l'autheur.

successeurs ont confondu ces points abstraits avec la réalité. Les abstractions mathématiques, comme la simple moyenne par exemple, ne sont souvent pas tangibles. Par exemple, une moyenne de 10.74 enfants pour 1,000 personnes ne correspond pas à un objet réel ; 10.74 enfants n'existent pas concrètement. De même, la courbure de l'espace-temps est une abstraction mathématique utilisée pour décrire comment les objets se déplacent sous l'influence de la gravité.

Le tenseur d'Einstein, avec ses points abstraits dans l'espace vide, est logiquement incohérent en tant qu'entité concrète. Ce n'est qu'une abstraction mathématique, faussement considérée comme une réalité. Bien que nous en sachions plus que nos ancêtres, les mouvements fondamentaux de l'Univers restent mystérieux. Ce livre cherche à combler cette lacune, en proposant une voie au-delà de l'impasse quasi-surnaturelle à laquelle nous sommes confrontés depuis longtemps. Bien que nos découvertes ne capturent pas pleinement les forces invisibles de l'Univers, elles représentent un pas en avant nous permettant de contrôler de plus en plus notre environnement. Peu de gens ont peut-être réalisé que de nombreuses théories reposent sur des postulats de base très faibles, qui constituent le problème essentiel. Cela peut être dû au fait que beaucoup de ceux qui pratiquent la science n'aiment pas pratiquer la philosophie et ont tendance à la minimiser ou à l'ignorer, en particulier dans les articles scientifiques. Cependant, les postulats qui sous-tendent les théories sont de nature philosophique, et il devient donc essentiel d'adopter une approche philosophique pour les évaluer. Les postulats fondamentaux qui soutiennent une théorie sont très importants, car des postulats erronés ne permettront pas de formuler une théorie bien fondée. En un

3

sens, c'est comme construire une maison. Peu importe la sophistication d'une maison (théorie), même sur le plan mathématique, si vous nous la construisons sur du sable mouvant (postulats), la maison s'enfoncera inexorablement et disparaîtra dans l'oubli. Un modèle mathématique ne dépend pas nécessairement de la réalité physique qu'il est censé représenter, et comme pour la gravité, il n'en a pas besoin. [3] Mais cela peut aider à affiner un modèle mathématique de la gravité si l'on comprend comment la gravité fonctionne. Une théorie est plus susceptible d'être vraie si elle repose sur des postulats véridiques. Par exemple, supposer l'existence d'un vide absolu conduit à des théories différentes de celles qui supposent qu'il n'existe pas, car l'interprétation des faits dépend des postulats choisie.

Un signe clé qu'une théorie manque de bases solides est lorsqu'elle n'offre aucune explication réelle pour un phénomène. Qualifier quelque chose de « force » sans clarifier son mécanisme physique ne revient qu'à lui donner un nom. Par le passé, le mot « Dieu » était utilisé de la même manière, et l'est encore aujourd'hui pour certains aspects pour ceux qui y croient. Cela est évident dans les

---

[3] C'est un concept très connu des chercheurs qui connaissent les statistiques qu'une bonne corrélation entre deux variables n'implique pas du tout que l'une est la cause de l'autre. Une troisième variable cachée peut influencer les deux. Les statistiques peuvent indiquer une direction et il faut beaucoup d'autre choses pour prouver une causalité. Néanmoins, on peut utiliser les variations de l'un pour prédire les variations de l'autre sans connaître la cause réelle des variations. C'est pourquoi il faut se rendre compte que les mathématiques ne sont pas la clé pour comprendre le mécanisme d'un phénomène. Autrement nous aurions compris depuis longtemps de qu'est la gravitation. Ils aident à modéliser le phénomène. C'est tout ce qu'ils font.

théories actuelles sur la structure de l'Univers et son « origine ».

Les forces fondamentales de l'Univers restent incomplètement comprises et exigent une nouvelle perspective. Les postulats actuels concernant ces forces sont, au mieux, partiellement incorrects, car ils reposent sur des mécanismes inconnus. Cela rend des phénomènes comme la gravité et le magnétisme semblables à de la magie plutôt qu'à de la science. Lorsque les scientifiques traitent ces phénomènes avec des mots qui ne sont que des noms génériques (forces), cela s'apparente à du mysticisme, et non à une véritable compréhension. Pour cette raison, nous croyons qu'il est nécessaire et pertinent de repartir de zéro pour mieux comprendre notre univers.

Adopter une approche *Tabula Rasa* [4] , principalement philosophique, nous permettra de clarifier les choses depuis la base. En partant de zéro, nous pourrons peut-être trouver une nouvelle base, qui nous permettra finalement d'expliquer plus clairement certains phénomènes partiellement connus et ainsi répondre à certaines questions fondamentales.

Trois postulats de base

En plus des hypothèses fondamentales de la science, à savoir que l'esprit humain peut comprendre l'Univers et que le surnaturel n'existe pas, énonçons les postulats suivants :

---

[4]   Blank slate

Premier postulat :

> L'Univers doit être défini comme : tout ce qui existe, connu ou inconnu, visible ou invisible.[5]

Deuxième postulat :

> Ce qui existe « occupe » un volume, aussi petit soit-il.

En effet, comment quelque chose qui n'occupe aucun volume peut-il exister ? Si l'on croit qu'une telle idée est vraie, il se peut qu'on n'ait pas suffisamment réfléchi aux limites mathématiques qui décrivent tout phénomène. Par exemple, le concept mathématique attribué au nombre zéro ne signifie pas nécessairement qu'il est représenté dans un volume spatial. C'est un concept relatif lorsqu'il est appliqué au monde réel. Par exemple, avoir zéro pomme dans un panier ne signifie pas qu'il n'y a absolument rien dans le panier. Il y a évidemment de l'air, pour commencer.[6] Des théories se basant sur des équations dont le résultat est un volume négatif est un autre exemple.

Troisième postulat :

> Un vide absolu ne peut pas exister.

S'il existait un vide absolu, même entre les atomes dispersés encore présents dans l'espace profond ou entre les éléments de rayonnement censés le traverser, cela créerait

---

[5] Visibility is relative to what we can perceive with our eyes or with the help of scientific instrumentations.

[6] If we cannot imagine the mechanism of a physical phenomenon, we simply do not understand it. A good way to check if we can imagine it is to try to make a rough drawing of it, which would allow checking a part of its validity. This does not mean that being able to draw something proves its existence, but it is a minimum requirement.

un paradoxe inacceptable, car un vide absolu, défini comme l'absence de tout, signifie littéralement « non-existant ». Ainsi, dire que le « non-existant » existe est manifestement illogique. Ici, nous redécouvrons une idée ancienne qui fascinait le philosophe grec Parménide. Alors que la notion de vide suscitait des discussions interminables, Parménide proposa un argument apparemment irréfutable, qui devint populaire à son époque :

> « Être, c'est être ; ne pas être, ce n'est pas. »

Bien sûr, il n'y a rien de mieux qu'une tautologie pour souligner l'évidence – ou la signification des mots, d'ailleurs. Cela signifie que le « rien », ou le vide absolu, ne peut pas exister ! Malheureusement, cette tautologie, qu'il est impossible de contourner, a été abandonnée lorsque le modèle atomique de Rutherford a été proposé. Le modèle de Rutherford suggérait que l'atome était principalement un vide. Cela était en totale contradiction avec la notion que proposant Parménide. Ce « vide » a progressivement été considéré comme absolu. En comparaison avec l'hypothèse de Rutherford, l'argument de Parménide a commencé, à partir de ce moment, à être considéré comme une simple curiosité. Cependant, nous suggérons qu'abandonner les idées de Parménide a été une erreur phénoménale. Récupérons et reformulons ce principe, car il est essentiel. Le « vide absolu » signifie qu'il n'y a rien dans un endroit donné. Mais « rien » signifie « aucune chose » ou « non-existant » ! Le paradoxe est que nous ne pouvons pas dire que la « non-existence » existe ou que « aucune chose » est une « chose ».

VIDE ABSOLU = RIEN

et

RIEN = NON-EXISTENCE

donc,

VIDE ABSOLU = NON-EXISTENCE

Conclusion : un vide absolu n'existe pas.

Les trois égalités présentées ci-dessus indiquent que nous ne pouvons pas affirmer l'existence d'un VIDE ABSOLU sans contredire le sens intrinsèque des mots. Les mots véhiculent des significations que nous ne pouvons nier sous prétexte qu'il s'agit de simples artifices sémantiques. La sémantique est en effet la base même de tout langage précis et le fondement qui conduit à la formulation d'hypothèses et à la vérification de théories. Ignorer cela ne fait qu'accroître la confusion existante et permet des discours qui n'ont pas de sens.

Le fait qu'un vide absolu empêche l'existence des choses a été presque oublié, occulté par des jeux de mots. En remplaçant « inexistant » par l'expression « vide » ou « néant », nous avons transformé la négation de l'existence en une affirmation de « quelque chose », ce qui nous donne l'illusion de l'existence. C'est un piège sémantique qui, s'il est ignoré, peut nous conduire à l'erreur et nous mener sur une mauvaise voie. C'est ce qui s'est passé avec nos ancêtres et, malheureusement, ce même piège sémantique persiste encore aujourd'hui. Construire les fondations de la maison de la physique sur du sable mouvant et perpétuer cet héritage par l'éducation nous a conduits à la situation actuelle, où nos théories sur l'Univers sombrent dans l'invraisemblable.

Une conséquence très importante de cette nouvelle compréhension, si nous voulons suivre sa logique, est que l'Univers n'est pas un espace vide contenant des objets qui remplissent un vide. Au contraire, l'existence des choses « crée » l'espace. Cela signifie qu'un objet plus dense contiendra plus d'espace, ce qui, bien sûr, peut sembler très étrange uniquement parce que nous sommes habitués à la perception inverse. Nous reviendrons bientôt sur ce concept.

Maintenant que nous avons établi un cadre solide philosophiquement, nous pouvons commencer à construire le reste de la structure sur laquelle elle reposera. Nous pouvons désormais répondre à la question qui a semblé insoluble à beaucoup : « Pourquoi y a-t-il des choses plutôt que rien du tout ? » Cette formidable question peut être exprimée poétiquement par une autre question célèbre : Être ou ne pas être ?

Outre Shakespeare qui s'interrogeait sur la valeur de vivre ou non, les philosophes et les scientifiques à travers les âges, bien qu'ils ne remissent pas en question l'existence du vide absolu en soi, se sont interrogés, de manière générale, sur cette question : « Pourquoi y a-t-il quelque chose plutôt que rien ? »[7]

Ce qui se passe, c'est que des postulats erronés ont conduit les scientifiques les plus brillants à des croyances qui n'ont aucun sens, comme l'a fait Stephen Hawking :

> « L'univers peut et va se créer à partir de rien... La création spontanée est la raison pour laquelle il y a quelque chose plutôt que rien, pourquoi l'univers existe, pourquoi nous existons... »[8]

---

[7] C'est un fait que l'Univers est rempli de choses (planètes, molécules, etc.) dont nous savons qu'elles existent et la question posée par certains scientifiques était de savoir si l'Univers aurait pu être « rempli » de rien du tout.

[8] Hawking, Stephen, cited in cnn.com, Sept 3, 2010, du livre : *The Grand Design* (traduit par l'auteur):

Le problème avec cette conclusion est que lorsque vous n'avez rien, vous n'aurez rien pour toujours… Affirmer que quelque chose peut surgir de rien est totalement illogique et relève de la pensée magique.

Cependant, la réponse, comme nous l'avons montré, est simplement que « rien » ne peut exister. Par conséquent, ce qui existe n'a pas le choix d'exister éternellement, tout comme « rien » n'a pas le choix de ne pas exister éternellement! Être est, ne pas être n'est pas! Il n'a rien à ajouter!

Nous sommes donc obligés de réaliser à quel point cette nouvelle vision de l'Univers est extraordinaire pour répondre à des questions fondamentales. L'Univers doit exister sans aucun vide et puisque tout devrait être lié à tout le reste, il est logique que toutes les parties travaillent intrinsèquement ensemble de manière logique, comme les rouages d'une montre.

http://www.cnn.com/2010/WORLD/europe/09/03/hawking.god.univers
e.criticisms/index.html?hpt=T2#fbid=XONZ2S30moy&wom=false

II – L'Infini

« Plus que toute autre question, celle de l'infini a
toujours tourmenté la sensibilité des hommes; plus que
toute idée, celle de l'infini stimulait et fécondait leur
raison; Mais plus que tout autre concept, celui de
l'infini a besoin d'être élucidé... » -David Hilbert
(traduit par l'auteur)

La question immédiate qui se pose, en ce qui concerne les
trois postulats mentionnés ci-dessus, est : « Dans quel type
d'Univers vivons-nous? » Il n'y a que deux possibilités qui
décrivent la nature fondamentale de l'Univers : soit il est
fini, soit il est infini. Par conséquent, la question essentielle
est : « L'univers est-il fini, limité, ou est-il infini, illimité? »
Cette merveilleuse question, qui contient deux opposés qui
s'excluent mutuellement, facilite la réponse car lorsque
nous ne sommes confrontés qu'à deux options exclusives et
seulement celles-là. Il suffit donc d'en éliminer une pour
obtenir la solution; la réponse doit résider dans l'option
restante.

Puisque l'Univers ne peut évidemment pas être à la fois fini
et infini, démontrer que l'une des deux alternatives est
absurde devrait suffire à résoudre l'énigme.

En ce qui concerne la première alternative – que l'Univers
est fini – nous pouvons procéder en affirmant que si
l'univers fini existe, il serait limité dans l'espace et dans le
temps, comme suit:

1) Il aurait un contour limité.

2) Il serait constitué de particules élémentaires.

3) Il comprendrait également des sections élémentaires de
temps.

4) Il aurait, par définition, un début et une fin, la plus longue de toutes.[9]

Un univers fini aurait une limite extérieure au-delà de laquelle il « existerait » un vide absolu. Cela nous amène déjà à un paradoxe. Puisqu'il n'y a pas de vide absolu,[10] il ne peut donc y avoir de limite extérieure à l'Univers.

De plus, l'espace entre les atomes serait, selon cet Univers fini, également constitué d'un vide absolu! Pourtant, encore une fois, un vide absolu ne peut exister. La structure de l'Univers fini impose un vide absolu et c'est précisément ce qui détruit l'argument. L'Univers fini dans l'espace est donc impossible dans le cadre que nous avons défini.

En utilisant un argument parallèle, nous ne pouvons pas imaginer comment une particule ne pourrait pas être composée de particules plus petites. Si vous brisez une particule, vous obtenez inévitablement des particules plus petites qui constituent le tissu même de ladite particule. Autrement, si la plus petite particule existait, elle devrait avoir un volume égal à zéro et serait indivisible. Néanmoins, un univers volumineux ne pourrait pas être composé de particules élémentaires sans volume. Zéro + zéro est égal à zéro, ni deux, ni aucun autre nombre! De plus, un volume égal à zéro contredit le deuxième postulat. Toute description d'une particule élémentaire qui serait non divisible est intrinsèquement mystique et est vouée à l'échec dès le départ, logiquement et scientifiquement parlant. Les particules élémentaires n'ont pas de sens

---

[9] Est-il logique qu'un univers soit fini pour le grand et non pour le petit? Ou qu'un univers fini dans l'espace soit infini dans le temps ou *vice versa*? L'un de va pas sans l'autre…

[10] Postulat III.

autrement nous nageons dans le mysticisme. Ils doivent être composés de particules plus petites.

De cette simple démonstration, nous pouvons conclure sans hésitation que l'Univers est infini dans l'espace, c'est-à-dire que les particules sont constituées de particules, qui, à leur tour, sont constituées de particules, etc., dans une régression fractale, vers l'infiniment petit. À l'inverse, notre système solaire est une très petite partie de notre galaxie, qui est elle-même une très petite partie d'amas de galaxies, eux-mêmes une très petite partie de quelque chose d'autre, dans une progression fractale vers le « grand ». Il s'agit d'une simple extrapolation de ce que nous observons dans la partie visible de l'Univers. Toutes les choses sont composées de quelque chose de plus petit et font partie de choses plus grandes, cela est une généralisation de l'observable.

Entre chaque particule, de l'infiniment petite à l'infiniment grande, ce qui semblerait vide serait en fait rempli de « quelque chose ». Et il est invisible parce qu'il existe dans le continuum infini des niveaux de l'espace qui est si petit qu'il est imperceptible à nos sens et à nos instruments scientifiques les plus sophistiqués et les plus actuels, tels que les microscopes et les télescopes. Cependant, comme le perfectionnement de la science et les nouvelles découvertes sont infinis, au fur et à mesure que la science progresse, ce qui est actuellement imperceptible deviendra graduellement « visible », rendant ainsi l'invisible visible ou détectable sur un continuum infini d'invisibilité.[11]

---

[11] L'infini dans l'espace est un concept très étrange, et nous démontrerons sous peu comment il peut être prouvé expérimentalement.

L'existence temporelle de l'Univers infini est aussi infinie, c'est-à-dire qu'elle n'a pas eu de commencement et qu'elle n'aura pas de fin. En effet, avoir un commencement ou une fin signifierait qu'avant ce commencement ou après cette fin, le néant ou l'absence de quoi que ce soit « aurait existé ou existera ». Cela se traduit simplement par plus de bêtises ! Le néant n'existe que comme un concept mais l'objet qu'il définit s'exclut lui-même du monde réel par définition : le « néant » ne peut pas exister car il signifie « rien » !

Par conséquent, l'Univers a toujours existé et continuera d'exister pour toujours. De plus, en utilisant le concept actuel de temps pour la praticité de cette démonstration, le « temps » dans le continuum du petit se divisera à l'infini puisque faisant parti d'un univers infini.

Un plus petit élément de temps, un temps unitaire, ne peut pas exister parce ce temps ne serait pas divisible. Un temps réel peut pas être formé à partir d'un temps élémentaire égal à zéro, qui serait la seule option pour qu'un temps unitaire « existe » réellement. Comme tout ce qui est supérieur à zéro est divisible, il ne peut pas y avoir de temps unitaire. Un continuum infini de l'espace vers l'infiniment petit implique qu'il doit y avoir un continuum infini du temps vers l'infiniment petit.

Ce concept d'infini n'est pas nouveau. Comme mentionné dans plusieurs écrits anciens, le concept d'infini dans l'espace a été ravivé par Carl Sagan dans son très populaire livre, *Cosmos*.

> « Il y a une idée – étrange, obsédante, évocatrice – l'une des conjectures les plus exquises de la science ou de la religion. Ce n'est pas du tout démontré; elle ne sera peut-être jamais prouvée. Mais cela remue le sang. Il y a, nous dit-on, une hiérarchie infinie d'univers, de sorte qu'une particule élémentaire, telle qu'un électron,

dans notre univers, si elle était pénétrée, se révélerait être un univers fermé entier. À l'intérieur, organisées en équivalent local de galaxies et de structures plus petites, se trouvent un nombre immense d'autres particules élémentaires beaucoup plus petites, qui sont elles-mêmes l'univers au niveau suivant, et donc pour toujours − une régression descendante infinie, des univers dans des univers, sans fin. Et vers le haut aussi. Notre univers familier de galaxies et d'étoiles, de planètes et d'humains, serait une seule particule élémentaire dans l'univers suivant, la première étape d'une autre régression infinie. » [12] (Traduit par l'auteur)

Une très belle description!

Nous n'avons peut-être pas encore de preuves expérimentales que l'Univers est infini dans l'espace et dans le temps, mais entre deux types d'univers non prouvés, nous choisissons celui qui a le plus de sens, ceci est un processus tout à fait acceptable.

Nous soupçonnons qu'une preuve expérimentale que l'Univers est infini dans l'espace est possible, et que cette preuve impliquera la reconnaissance de la structure répétée de particules de toutes tailles. Si des galaxies ou des amas de galaxies représentent effectivement des atomes d'un monde beaucoup plus gigantesque, il sera possible un jour d'observer que la configuration de ces atomes forme des molécules reconnaissables en tant que telles. Le même raisonnement peut être appliqué aux petites particules qui composent notre univers. Si des particules d'atomes sont en fait de petites galaxies ou des amas de galaxies, il sera possible un jour d'observer le comportement caractéristique des étoiles et des planètes impliquées dans la formation de ces particules. Si l'univers est fractal et qu'il y a des

---

[12] SAGAN, C., Cosmos, Montréal, Sélect, 1981, p. 265.

planètes dans l'infiniment petit (dans un continuum « temps » différent), donc nous pouvons imaginer qu'il y a de la vie intelligente dans l'infiniment petit et il sera possible de les détecter si ces être sont capable de faire des modifications dans leur galaxies qui sera reconnaissable comme étant des structures artificielles, prouvant ainsi et l'infinie, et la qualité fractale de l'Univers.

D'ici là, faute de preuves empiriques, il est préférable de faire confiance à ce qui a du sens. Parce que cela dépend du cerveau de ceux qui envisagent de telles possibilités, comme toujours, ce sera une question d'opinion.

Si certaines personnes prétendent avoir des preuves scientifiques que l'Univers est fini, les faits futurs montreront que ce ne sont que des illusions. Malheureusement, beaucoup de gens ne font pas la différence entre l'interprétation d'un fait et le fait lui-même. Pour cette raison, de nombreuses soi-disant « preuves » s'avéreront être de simples interprétations de certains faits. Bien qu'un fait puisse souvent être interprété de différentes façons, une interprétation aurait pu être choisie simplement parce qu'elle soutenait un univers fini, le postulat philosophique sous-jacent de nombreuses théories. Autrement dit, les scientifiques qui cherchent < prouver qu'il y a un commencement à l'Univers auront tendance à interpréter les faits en fonction de cette prémisse. Bien sûr, chercher un début dans quoi que ce soit suggère que le modèle qui sera choisi impliquera le concept de finitude.

L'une des raisons pour lesquelles le concept d'un Univers infini n'attire pas un grand nombre de personnes, y compris les scientifiques, est la limitation des capacités sensorielles et cognitives humaines. Nous n'entendons ni ne voyons (sans parler des autres sens) au-delà d'une certaine distance et par conséquent, l'existence de ces limitations sensorielles influence notre façon de voir le monde. De plus, l'infini dans le temps et l'espace est quelque chose d'impossible à imaginer. En effet, le cerveau est limité dans sa capacité à imaginer l'espace et les distances : il ne peut pas, avec son nombre limité de cellules du cerveau, imaginer à quoi ressemblerait une distance infinie. La conséquence est que les scientifiques essaient généralement de rester à l'écart de ce qu'ils ne peuvent pas imaginer.

À la difficulté s'ajoute la formulation mathématique de l'infini dans les modèles théoriques de l'Univers. Parce qu'il est difficile à manipuler, les physiciens voudraient écarter le concept, mais l'infini est rebelle et rebondit toujours.

> « Quoi qu'il en soit, d'une branche à l'autre de la physique, les évocations de l'infini se révèlent fécondes de plus d'une manière, et son emploi souvent indispensable. Par exemple, le « passage à la limite » constitue un fondement universel des méthodes de raisonnement en mathématique comme en physique. Réussies ou non, les tentatives de se débarrasser des infinis se révèlent elles-mêmes fructueuses, car génératrices de nouvelles théories scientifiques. »[13]

De nombreux philosophes et scientifiques ont écrit qu'un corps infini est inconcevable. Mais peut-être est-il nécessaire de faire la différence entre l'imagination et la compréhension logique. Même dans ce cas, il existe un moyen de comprendre partiellement le concept d'infini par l'imagination, en comprenant la nature répétitive des structures. Si les mêmes structures de l'Univers se retrouvent dans l'infiniment petit et dans l'infiniment grand, la boucle est connectée et le besoin de comprendre peut être satisfait en imaginant une boucle complète tout en

---

[13] LUMINET, J.-P., Lachièze-Rey, De l'infini (eBook), op. cit., p. 240.

rationalisant le reste. En concluant logiquement que si, par exemple, nous trouvons l'équivalent des systèmes solaires dans les particules subatomiques, alors nous regardons clairement un continuum infini. Par conséquent, c'est par la nature répétitive des structures que nous pourrons prouver l'infini par des expérimentations. Et ce surtout si nous y trouvons trace d'intelligence...

Le concept d'infini est en effet déroutant. Imaginez un instant que vous voulez enseigner le concept mathématique de l'infini à des enfants qui n'en ont jamais entendu parler. Leur réaction initiale sera probablement accueillie avec incrédulité. Après tout, c'est une idée très étrange. Peut-être vous souvenez-vous de votre propre réaction lorsque vous étiez jeune. Le même genre de réaction est susceptible de se produire avec toute personne à qui l'on dit pour la première fois que l'Univers est sans début ni fin.

Cependant, l'impression que l'Univers est fini est persistante, surtout parce que notre éducation a été saturée de religion monothéiste ou du concept du Big Bang. En effet, enseigner que Dieu a créé l'Univers ne peut qu'entraver la capacité des élèves à développer leur pensée critique et à restreindre la croissance intellectuelle. Un univers créé a toujours besoin d'un début, mais beaucoup de gens ne réalisent pas cette logique évidente. De plus, même si une personne rejette sa religion, ce qui reste souvent est la perception d'un univers fini.

Même si l'on remplace sa croyance religieuse par l'adhésion à une théorie scientifique, cette théorie présupposera probablement un univers fini. Peut-être que certains scientifiques cherchent inconsciemment à maintenir cette idée de « début » lorsqu'ils discutent ou défendent des théories telles que le Big Bang. La difficulté de l'esprit humain avec la perception de l'infini semble provenir de la réaction psychologique qu'il déclenche, empêchant ainsi une analyse logique du problème.

Une fois que nous pouvons convenir que l'infini est la structure de base de l'Univers, les conséquences logiques que nous pouvons en tirer sont assez fascinantes. Non seulement cet accord permet d'exclure les modèles qui impliquent un Univers fini, il peut aussi nous permettre de mieux comprendre l'Univers.

Une conséquence logique majeure de la compréhension de l'infini est que le concept d'un Dieu créateur de l'Univers est éliminé. La réponse à la question de l'implication de Dieu dans l'Univers est aussi simple que celle-ci : un univers infini ne peut pas être créé, donc il n'y a pas de Dieu!

Un univers infini n'a ni début ni fin. S'il y avait un commencement pour l'Univers, défini comme « tout ce qui existe », il n'y aurait eu rien, absolument rien, avant ce commencement. [14] Nous comprenons maintenant que « absolument rien »ne peut exister mais, pour les besoins de notre argumentation, même s'il pouvait exister, nous ne nous retrouverions avec « rien » à l'infini parce que lorsqu'il n'y a rien, rien ne peut jamais se produire, et rien n'existerait à l'infini, il n'y aurait pas d'univers. Mais encore une fois, le concept de rien n'est pas réaliste et exclurait toute création éventuelle de « ce qui existe ». Ce qui existe est infini ce qui est la seule réponse possible.

La théorie du Big Bang peut également être vérifiée sur sa validité fondamentale. Qu'y avait-il avant ce Big Bang? La théorie soutient que l'Univers entier a été « compacté » en

---

[14] Cela exclut la préexistence de Dieu.

une petite particule. Mais d'où vient cette petite particule? A-t-elle eu un début? La théorie du Big Bang ne répond pas à cette question. La science non plus. Cette question appartient à la philosophie.

C'est l'échec de ces mêmes scientifiques qui veulent se limiter aux idées traditionnelles de ce qu'est être un scientifique. Ils pourraient s'aventurer à sortir des sentiers battus et adopter une nouvelle perspective, et être prêts à considérer des idées philosophiques de base solides, sur lesquelles des théories et des expériences pourraient être construites. Il est donc probable qu'en plus de résoudre des questions relatives à la théorie du Big Bang , ils auraient depuis longtemps résolu la question de la structure fondamentale de l'Univers.

Si la particule originale qui a explosé avec un big bang existait, elle serait entourée d'un vide absolu, puisque l'Univers serait à l'intérieur de la particule et non à l'extérieur de celle-ci. Cependant, cela signifie que cette particule serait en fait entourée de vide, et nous nous retrouverions dans le même paradoxe, que nous avons déjà établi comme irrationnel.

Bien sûr, certains partisans diront qu'un « Big Bang » aurait pu se produire dans une partie d'un univers infini côte à côte avec d'autres univers ayant leur propre Big Bang. Mais qu'y avait-il entre ces univers? Un vide? Cela ne peut pas être le cas. Sinon, si ce n'était pas un vide, alors nous parlons simplement d'explosions qui se produisent dans l'Univers et de telles explosions existent : ils se nomment supernovas. Mais ce n'est pas l'objet de la théorie du Big Bang.

Il existe un nombre croissant de données et de théories qui se demandent si l'Univers a commencé avec un Big Bang il y a 13,75 milliards d'années. Plusieurs cosmologistes de premier plan, tels que Sean Carroll de CalTech et Neil Turok de l'Université de Cambridge, remettent en question le modèle dominant d'un Big Bang et croient qu'à l'avenir, nous ne ferons que regarder en arrière avec émerveillement comment quelqu'un a pu croire en un événement de création qui a été réfuté par tant de preuves.

L'origine du Big Bang, c'est-à-dire l'état « d'existence » qui a abouti à un Big Bang, est un état mathématiquement obscur - une « singularité » de volume nul qui contenait une densité infinie et une énergie infinie. La raison de cette singularité, son origine et son explosion ont amené de nombreux scientifiques à remettre en question et à remettre en question les fondements mêmes de la théorie du Big Bang.[15] (traduit par l'auteur)

Selon l'univers Yin Yang, il n'y a ni Dieu ni Big Bang, mais plutôt l'infini! La croyance en Dieu et en le Big Bang est basée sur des interprétations erronées : la mauvaise interprétation des Écritures (comme la Bible ou d'autres textes anciens) et la mauvaise interprétation de certains faits scientifiques tels que le rayonnement des étoiles se déplaçant vers le rouge, dans le cas de la théorie du Big Bang. Ironiquement, les concepts d'immatérialité et de vide absolu réunissent la théologie et la physique dans un domaine mystique. Ces deux concepts sont irréels, même surnaturels et sont basés sur l'idée que l'immatériel (Dieu

---

[15] Kazan, Casey, *Does the Large-Scale Structure of the Universe Nix Big Bang Theory?*, 2010 www.dailygalaxie.com,

http://www.dailygalaxy.com/my_weblog/2010/05/the-big-bang-theory-fact-or-fiction-many-experts-say-fiction.html ou le vide) existe.[16] Ces concepts ne sont tout simplement pas définis physiquement, ils ne sont pas vraiment expliqués et cela les rend relégués, dans une mesure ou une autre, au domaine du mysticisme. La base philosophique que nous venons d'établir propose d'éliminer les lieux théoriques qui mènent à l'immatérialité et au concept de vide dans leur sens absolu parce que les deux n'ont aucune base rationnelle. Pourquoi construire une maison sur du sable mouvant quand on peut la construire sur du granit?

En résumé, l'idée évidente qu'il n'y a pas de vide absolu implique à elle seule l'infini dans l'espace et le temps, car tout « l'espace » entre les planètes, les galaxies et les particules ne serait pas vide et devrait donc « contenir » quelque chose qui est à son tour composé de quelque chose d'autre, etc. Si nous ne voyons pas ce « quelque chose », c'est parce qu'il est au-delà des limites de notre perception.

Ce qui est également sous-entendu, c'est que chaque élément de l'infini doit être « en contact » avec tout le reste, [17] à tous les niveaux, se déplaçant et vibrant à l'unisson dans une danse perpétuelle régulée par les lois du mouvement, que nous nous efforçons de comprendre en observant les effets visibles. Mais dans un univers infini, il n'y a qu'une petite partie limitée que nous pouvons et pourrons expérimenter via nos sens et leurs extensions technologiques (télescopes, microscopes, etc.) à chaque

---

[16] Peut-être que croire au concept d'immatérialité ou de vide absolu vient d'un simple réflexe psychologique, qui découle d'une incapacité à visualiser le principe de fonctionnement sous-jacents d'un phénomène. Voici une description de ce que nous voyons : « rien », donc c'est immatériel…

[17] En effet, puisqu'il n'y a pas de vide absolu, ce qui existe doit être en contact avec son environnement.

époque de notre progrès scientifique. Il y aura toujours une partie de l'Univers qui sera trop petite ou trop grande pour être perçue par nos instruments.

Les parties intangibles de l'infini sont une sorte d'immatérialité relative qui a été, et peut être, confondue avec l'immatérialité absolue ou le vide absolu. L'immatérialité relative fait référence à des choses que nous ne pouvons pas expérimenter avec nos sens ou notre technologie. Elle existe cependant de la même manière que les ondes électromagnétiques existent mais une grande partie ne peut être ressenties. [18] Ces ondes électromagnétiques peuvent néanmoins être mesurées. Il y a des centaines d'années, nous ne pouvions pas mesurer ces ondes, mais nous pouvions supposer qu'elles existaient. Il en va de même pour les plus petites particules de matière et leurs ondes associées que nous ne pouvons pas encore percevoir. En raison de sa nature infinie, nous ne pourrons pas voir l'Univers entier. Mais nous continuerons de voir de plus en plus l'infiniment petit (et l'infiniment grand) au fur et à mesure que notre technologie progressera. En bref, ce qui est inaccessible dans l'infiniment petit n'est pas immatériel, mais représente une matière si petite que nous ne pouvons pas en faire l'expérience à travers nos sens et nos appareils technologiques...

L'Univers est-il conscient?

Certains croient que l'Univers lui-même est Dieu. Mais pourquoi l'appeler Dieu? Pourquoi remplacer un nom établi

---

[18] On pense que les pigeons et certains autres animaux ont une sensation du champ magnétique pour qu'ils puissent s'y retrouver d'une manière ou d'une autre. Les humains pourraient également être équipés de telles facultés, mais elles doivent être dormantes…

par un nom plus ambigu et qui contient toutes sortes de concepts mystiques? Un être immanent inconscient n'est tout simplement pas un être, c'est l'Univers lui-même, et nous devrions perdre cette attitude anthropomorphique ultime que les enfants ont naturellement à l'égard des choses qui les entourent. Pour eux, chaque objet a son propre esprit et ce phénomène est lié à l'animisme, qui définit l'attitude d'assigner une conscience aux objets. Pour nos ancêtres, la montagne, la rivière et le tonnerre étaient des êtres conscients. Certains l'ont maintenant appliqué à l'Univers lui-même, l'attitude anthropomorphique ultime… Ne serait-il pas préférable de garder les choses aussi simples et rationnelles que possible? Le mot Univers répond adéquatement à tous les critères de simplicité et est ouvert à la recherche.

Mais même pour les besoins de l'argumentation, il est inconcevable d'imaginer un « corps » infini conscient de lui-même. La conscience est un concept difficile à saisir, et il implique, à tout le moins, une conscience de toutes les parties qui constituent l'entité. Cela implique aussi une sorte de traitement de l'information de l'objet de cette conscience, c'est-à-dire de tout ce qui existe. Cependant, l'infini exclut un tel processus. Un corps conscient doit être dans un corps fini, sinon il n'a aucun moyen de se connecter, de traiter et de connaître son propre corps infini.

La seule façon pour l'Univers d'être conscient de lui-même est par le biais d'une conscience partielle qui se manifeste par des corps sensibles organisés et finis, eux-mêmes conscients de parties de leur environnement, mais qui se trouvent pourtant dans toutes les parties de l'univers. C'est précisément ce que sont tous les êtres intelligents et conscients de l'Univers.

Nous sommes nous-mêmes des morceaux de l'Univers. L'Univers s'exprime donc à travers nous. L'infini ne peut prendre conscience de lui-même qu'à travers des êtres conscients qui en font partie et distribués dans tout l'Univers. Lorsque nous regardons les étoiles, c'est essentiellement l'Univers qui se contemple lui-même. En fait, l'Univers infini essaie de prendre conscience de lui-même à travers nous.

Une nouvelle façon de concevoir l'espace

Ce qui découle de tout ce qui a été mentionné est une nouvelle façon de concevoir l'espace et un renversement complet des concepts courants. Selon le paradigme reconnu, plus il y a d'objets, moins il y a d'espace libre. Cependant, selon le nouveau modèle, une augmentation des objets créera plus d'espace car il faut considérer le continuum infini vers le petit dans chaque objet. C'est tellement contre-intuitif que la plupart des gens ne saisiront pas ce concept tout de suite. Essayons de clarifier. Premièrement, l'espace lui-même n'existe pas. Pourquoi? Parce que lorsque nous disons « espace », nous pensons en termes de vide et le troisième postulat est, à juste titre, en opposition à un tel concept. Ce que nous pouvons déduire de ce postulat, c'est que **tout ce qui existe crée l'espace**. Par conséquent, plus vous avez de « ce qui existe », plus vous avez d'espace parce que l'espace est toujours fait de quelque chose. Chaque particule contient son continuum infiniment petit. De plus, puisque l'espace ne peut exister sans substance, nous découvrons, qu'en fait, le concept de continuum espace-temps est remplacé par le nouveau concept de continuum « espace-matière ». Chaque particule porte son propre continuum infiniment petit et plus les particules d'un même niveau sont proches les unes des autres, plus il y a de continuums infiniment petits dans un volume donné.

Ce nouveau concept de continuum « espace-matière » est un principe fondamental dans le modèle de l'Univers Yin Yang qui nous rapprochera de la compréhension des forces de l'Univers.

Les expériences de Michelson et Morley

Les postulats formulés dans ce livre impliquent que l'espace interplanétaire est une matière fractale très fine , si fine que notre appareil de mesure actuel ne peut pas la percevoir.

Bien qu'une idée similaire ait été largement admise dans un passé lointain – l'éther tel qu'on l'appelait – les scientifiques d'autrefois auraient prouvé qu'il n'existe pas. Cependant, il n'est pas difficile d'expliquer pourquoi les expériences qui auraient prouvé son inexistence ne s'appliquent pas dans le nouveau contexte de l'Univers Yin Yang. Il suffit de dire que, pour l'instant, on croyait que l'éther était statique (c'est-à-dire qu'il ne bougeait pas) et que les expériences qui ont testé son existence étaient basées sur ce postulat. Donc, si l'éther n'est pas statique et se déplace, l'interprétation de ces expériences ne peut pas être définitivement concluante.

L'époque de ces expériences qui ont effectivement rejeté l'existence de l'éther, a été un tournant malheureux en physique, car il a conduit les scientifiques dans une impasse tout en aidant Einstein à établir son modèle basé sur le vide de l'espace. À la fin du 19e siècle, on postulait presque correctement que la lumière devait être une vibration d'une matière appelée *éther luminifère,* qui remplacerait le vide de l'espace. Cette proposition avait tout son sens sur le plan philosophique. Le problème, comme nous l'avons brièvement mentionné ci-dessus, est qu'on a supposé à tort que l'éther était statique. C'est un exemple qui montre à quel point les postulats sont importants. De mauvais postulats peuvent amener à rejeter quelque chose de réel ou à accepter quelque chose de faux.

Pour tester l'idée suggérant que la lumière est une vibration de l'éther, Michelson a conçu la première expérience, qui sera plus tard utilisée par Morley et lui-même dans des expériences ultérieures plus précises. Le principe de base de ce type d'expérience était de mesurer le « vent » relatif de l'éther lorsque la Terre orbite autour du Soleil et le Soleil autour de la galaxie. Michelson et Morley avait construit un interféromètre qui mesurait la lumière d'une même source divisée dans différentes directions (sauf perpendiculairement au sol), puis la recueilli pour lire les interférences de fréquence possibles qui pourraient être attribuées au vent d'éther.

La première expérience de Michelson n'était pas concluante, mais celle menée en collaboration avec Morley était suffisamment précise pour montrer que l'interférence de fréquence observée était beaucoup trop faible pour être interprétée comme une preuve de l'existence de l'éther. D'autres expériences ont soutenu la conclusion de l'inexistence de l'éther. Comme nous l'avons mentionné, toutes ces expériences étaient basées sur la fausse hypothèse que l'éther était statique. Cette conclusion a dirigé les scientifiques sur des mauvaises voies lorsqu'ils ont écarté l'existence de l'éther lui-même. Nous montrerons plus tard qu'une substance ressemblant à l'éther n'est en fait pas statique, et qu'elle se déplace d'une manière qui explique les résultats de ces expériences tout en proposant une modification de des expériences qui prouveraient que l'éther existe.

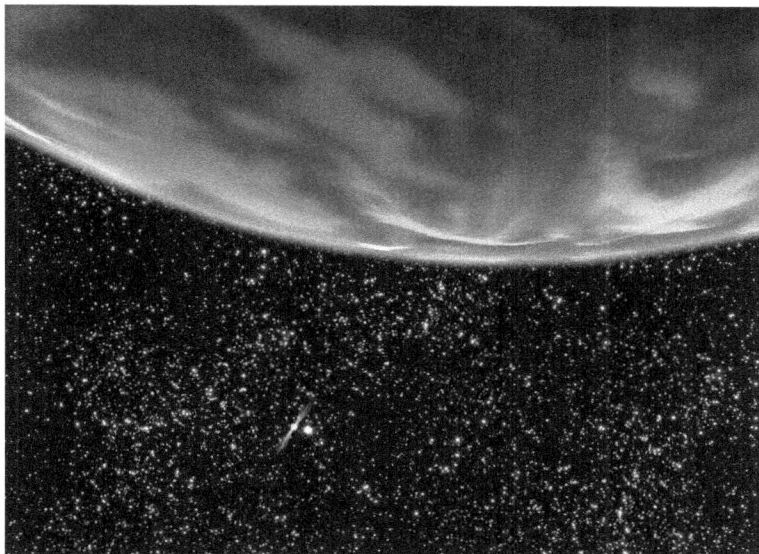

Le paradoxe de la nuit noire

Selon le paradoxe d'Olbers, le ciel nocturne d'un univers infini devrait être brillant parce que nous devrions voir des étoiles partout. Dans un univers infini, il y a un nombre infini d'étoiles, et elles couvrent tout le ciel nocturne et, selon l'idée, feraient en sorte que la nuit soit totalement brillante.

31

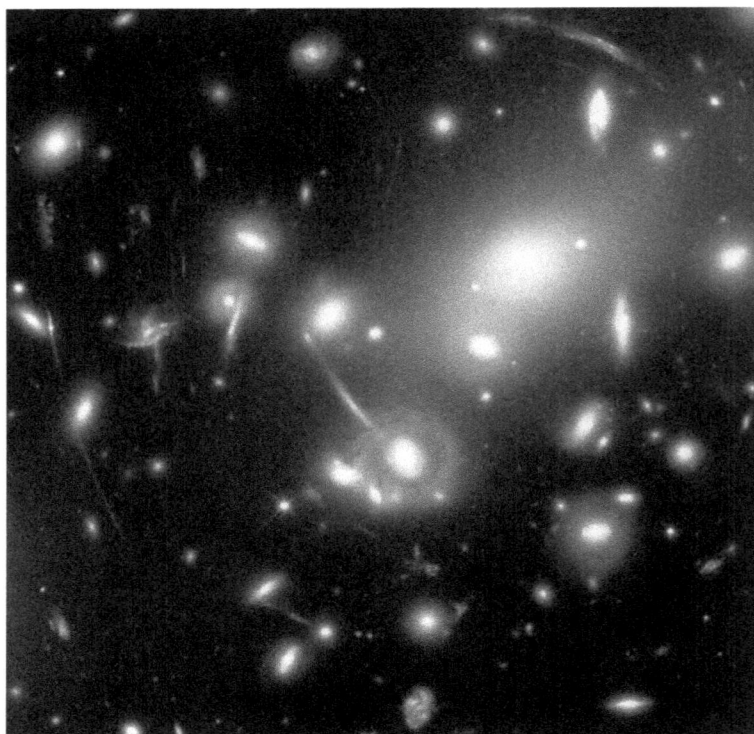

En 1995, le télescope spatial Hubble a permis aux scientifiques d'observer une petite partie complètement sombre du ciel nocturne pendant 10 jours consécutifs. Les images qui en ont résulté ont surpris les astronomes; ceux-ci ont pu observer environ 3,000 galaxies qui n'avaient jamais été vues auparavant...[19]

Comme nous le montrerons dans un instant, la façon dont l'argument du paradoxe de la nuit noire a été construit est

---

[19] Le télescope James Webb a révélé en 2025 qu'il peut détecter au moins 10 fois plus de galaxies dans la même partie sombre

complètement inappropriée. La question importante ici est la suivante : pourquoi ne pouvons-nous pas voir des étoiles et même des galaxies qui existent bel et bien dans les régions sombres du ciel nocturne? Que l'Univers soit fini ou infini n'est pas pertinent pour cette question. La réponse, bien sûr, est simple. Ils sont trop loin de nous pour être vus à l'œil nu. En effet, plus un point lumineux est éloigné, plus il devient petit. Le nombre de photons et la densité du rayonnement émis par une étoile particulière sont limités et finis. À mesure que la lumière augmente sa distance de la cible (nos yeux), la densité du rayonnement diminue et les photons deviennent plus clairsemés selon la loi en carré inverse. Il y a donc une distance critique où la rareté des photons est trop grande et aucun photon n'atteint nos yeux ou un appareil de détection dans le temps normal de détection, à moins qu'un appareil photo ne soit utilisé pour enregistrer les impacts photoniques accumulés pendant une plus longue période (durée d'exposition).

Si nous dessinons une sphère autour de la Terre, dont le rayon correspondait à la distance critique au-delà de laquelle nous ne pouvons pas voir la lumière d'une étoile avec nos yeux, nous observerions quelque chose de critique : vu de la Terre, il n'y a pas assez d'étoiles pour remplir l'intérieur de la sphère théorique pour blanchir entièrement le ciel. C'est pourquoi le ciel est principalement sombre et pourquoi le paradoxe du la nuit noire est incorrect.

Il n'y a, en fait, aucun paradoxe. Grâce aux expériences du télescope Hubble, il a été établi que nous ne pouvons pas voir d'objets brillants lointains à moins d'augmenter le temps d'exposition d'un appareil d'enregistrement de la lumière. Cela est vrai que l'Univers soit fini ou infini. Par conséquent, cet argument ne peut pas être utilisé dans un débat sur la nature infinie ou finie de l'Univers.

Les paradoxes de Zénon

Zenon d'Élée a proposé plusieurs paradoxes sur le mouvement. Cependant, le concept d'infini peut fournir une solution. Essentiellement, tous les paradoxes de Zénon sont des variations du même principe. Il croyait que l'Univers est unifié et qu'il n'y a pas de pluralité. Il croyait également que le mouvement n'était rien d'autre qu'une illusion.

Premièrement, nous sommes d'accord pour dire que l'Univers est unifié, mais cela ne signifie pas que l'Univers doit être uniforme partout. Le non-vide équivaut à la plénitude absolue, et puisque tout est interconnecté, l'infini est unifié, mais dans des densités et des mouvements différents.

Nous utiliserons son « paradoxe de la dichotomie » pour illustrer une approche qui nous permet efficacement de résoudre ses paradoxes. Le paradoxe de la dichotomie tente de démontrer qu'il est impossible de se déplacer d'un point A à un point B. Zénon a déclaré que pour aller d'un point A à un point B, il fallait marcher la moitié de la distance, puis la moitié de ce qui restait, puis la moitié de ce qui restait, etc. Mais cela signifiait que vous n'atteindriez jamais le point B, car dans une boucle sans fin ou infinie, vous deviez constamment réduire la distance restante de moitié.

Cependant, cet argument ne fait que prouver l'infini. Cela ne prouve pas que le mouvement est une illusion. Ce que Zeno a décrit n'était rien de plus qu'un mouvement de zoom, nous menant vers l'infiniment petit. C'est similaire à ce qui se produit lorsque vous regardez dans une caméra et zoomez pour agrandir la vue ou lorsque vous utilisez un microscope et zoomez sur un objet pour voir sa structure moléculaire. Comme vous pouvez le constater, c'est complètement différent du mouvement que nous observons normalement lorsque nous allons d'un point A à un point B. Lorsque vous marchez, vous ne zoomez pas sur l'infiniment petit, mais vous vous déplacez simplement au même niveau ou dimension de l'infini.

Par conséquent, il n'y a pas de paradoxe. Le paradoxe de Zénon lui-même est une illusion qui embrouille davantage les perceptions en mélangeant deux types d'actions : zoomer et simplement se déplacer. Mais une fois comprise, l'idée soutient clairement le concept d'infini.

III - Yin

Gravitation

Chaque entité vivante ressent la gravité et nous, les humains, n'y prêtons généralement pas beaucoup d'attention dans la vie courante. C'est simplement une partie de la vie. Sans gravité, cependant, il ne pourrait y avoir ni planètes, ni étoiles. En effet, la gravité force des morceaux d'espace-matière à se rapprocher les uns des autres pour former des objets spatiaux plus grands, des astéroïdes aux planètes, aux étoiles, aux galaxies, etc. De nombreux penseurs et scientifiques ont essayé d'expliquer le fonctionnement de la gravitation, mais ne semblent pas y parvenir. Ils ne peuvent qu'estimer, au moyen de formules mathématiques, l'accélération à laquelle un objet tombera, ou deux objets iront l'un vers l'autre. Newton a découvert une approximation essentielle de cela et s'est rendu compte qu'il y avait un lien entre le mouvement de la lune et la chute d'une pomme,[20] tous deux étant sous l'influence de la même phenomène.

Encore une fois, quelle ironie que nous sachions comment fonctionnent une myriade de choses, mais que nous ne comprenions toujours pas pleinement cette pièce essentielle de ce qui nous influence tous les jours. Pour comprendre le fonctionnement de la gravité, nous devons ajouter quelques postulats supplémentaires à ceux présentés au chapitre I.

Si nous prenons un échantillon de l'Univers que nous pouvons voir et toucher (par nos sens ou au moyen d'instruments scientifiques tels que des télescopes et des microscopes), nous remarquons que le seul principe que

---

[20] Selon l'histoire.

l'on peut observer concernant le changement de direction et/ou de vitesse d'un objet est l'action de « pousser ». Lorsque nous lançons une balle, nous la poussons. Lorsqu'une voiture se déplace, les pneus poussent contre la route, qu'il s'agisse d'une traction avant ou arrière. Un cheval tire une calèche, mais il pousse son harnais. Lorsque nous tirons sur la poignée d'une porte, nous poussons contre l'arrière de la poignée de porte. Chaque fois que nous disons « tirer », cela signifie toujours que nous poussons l'objet d'une manière ou d'une autre. Cela s'applique à toutes les actions de tirer.

L'action d'attraction dans le magnétisme n'est pas visible et aucune observation, même avec nos instruments les plus précis, n'a jamais montré de mécanisme d'attraction. Personne n'a jamais montré de manière concrète comment fonctionne le principe d'attraction. C'est un concept qui nomme simplement les *forces* entre les objets, lorsqu'ils se rapprochent les uns des autres. Il ne décrit pas le fonctionnement interne de ces forces.

Afin de résoudre ce mystère, nous allons développer ce que nous savons de l'Univers (la partie de l'Univers que nous sommes capables d'expérimenter par nos sens ou au moyen d'instruments scientifiques) et le généraliser à l'Univers dans son ensemble. Nous supposerons que l'Univers est unifié (une conséquence de l'infini) et obéit partout aux mêmes principes généraux et fondamentaux à la condition d'être suffisamment essentiels. Nous espérons que cela nous permettra d'appliquer la logique dues à nos postulats concernant la partie observable de l'Univers à l'Univers tout entier.

Cette façon de procéder n'est pas nouvelle; c'est une pratique courante en science : les scientifiques effectuent des expériences à l'aide d'échantillons représentatifs d'une population d'objets ou de personnes afin de généraliser leurs conclusions à l'ensemble de cette population.[21] Il s'agit donc d'une méthodologie acceptable et nous l'utiliserons pour supposer que notre échantillon est représentatif de l'Univers entier; il sera le cadre des postulats suivants, et représenté dans le cinquième postulat.

Quatrième postulat:

> L'Univers obéit partout aux mêmes principes essentiels de mouvement, tant qu'ils sont suffisamment essentiels.

Cinquième postulat:

> Ce que nous pouvons expérimenter avec nos sens et nos instruments scientifiques constitue un échantillon représentatif suffisamment grand pour nous permettre de généraliser les résultats tels qu'ils s'appliquent à l'ensemble de l'Univers.

Sixième postulat:

> Un objet ne bouge ou change de vitesse que parce qu'il est poussé.

Par conséquent, si nous voyons une pomme tomber d'un arbre, le sixième postulat nous amène à conclure qu'elle est poussée. Mais poussé par quoi? Nous savons que ce n'est pas l'atmosphère. Que pourrait-il être d'autre?

Même s'ils ne pouvaient pas le voir, nos ancêtres ont déduit l'existence de l'air de l'expérience physique : ils ont déclaré les effets qu'il avait sur les objets, et ils pouvaient le sentir sur eux-mêmes. À la suite de cette première déduction, ils en ont déduit que la cause du mouvement des feuilles dans

---

[21] Les expériences scientifiques tirent également des conclusions à l'aide d'intervalles de confiance probabilistes, qui ne peuvent pas être appliqués ici.

les arbres, par exemple, était de petites particules invisibles (l'air). En effet, le fait de pouvoir sentir le vent a permis d'en déduire l'existence.

On peut dire la même chose à propos de la gravité. Nous voyons l'effet de la gravité et nous ressentons ses effets, mais pas sur notre peau. Nous ne ressentons pas la gravité sur les récepteurs tactiles de notre peau de la même manière que nous ressentons l'air, mais nous la ressentons indirectement, peut-être parce qu'il y a quelque chose qui pousse vers le bas sur chaque atome de nos cellules et que nous ressentons la pression des cellules les unes sur les autres.

Puisque la gravité agit dans un vide relatif ne contenant rien d'identifiable pour l'instant, nous ne pouvons que conclure que, compte tenu de nos postulats, une matière invisible agit sur les objets pour créer la gravité, donnant l'illusion d'une force *immatérielle* agissant dans le vide, telle qu'elle a été imaginée jusqu'à maintenant.

Basée sur nos postulats, la seule alternative possible que nous puissions imaginer pour expliquer le mécanisme de la gravité est que la pomme est poussée par de la matière invisible faite de particules si petites qu'elle traverserait les atomes de la pomme tout en poussant la matière à l'intérieur de chaque atome. [22] C'est une déduction inévitable, car s'il n'y avait pas cela, et si cette matière était au niveau de l'atome, elle ferait partie de l'air, et nous savons que l'air n'est pas ce qui crée la gravité car l'air est aussi affecté par la gravitation. Il est clair que nous avons affaire à de la matière subquantique, et cela explique

---

[22] Si le lecteur est capable d'imaginer autre chose que ce qui est énoncé dans ce chapitre tout en respectant les 6 postulats, il est invité à prendre une voie différente.

pourquoi elle traverse les atomes. Pour prendre l'analogie d'un filet à papillons dans le vent : le filet est poussé par l'air (matière subquantique) lorsqu'il traverse le filet (atomes).

D'où vient cette matière subquantique? Comme les objets tombent tout autour de la Terre, cette matière doit exister dans l'espace, entre les planètes et les étoiles, et se déplacer concentriquement vers le centre des corps célestes. Un univers infini garantit l'existence de cette matière parce qu'un vide absolu, le vide ou le néant, ne peut exister, selon le troisième postulat.

La matière subquantique interplanétaire (MSQ), comme nous l'appellerons dorénavant, pénètre tous les objets spatiaux dans un mouvement concentrique. Les trajectoires des objets affectés par le même corps spatial sont concentriques à ce corps, caractéristique de la gravité. Chaque objet autour de la Terre « tombe » de manière concentrique, lorsqu'on utilise le centre de gravité de la Terre comme point de référence. En fait, tout objet est poussé.

La matière subquantique pénètre les galaxies et dans tout ce qui se déplace autour des galaxies, vers l'intérieur et autour des étoiles et des planètes. Elle pousse tout de manière concentrique. Désormais, nous appellerons cette matière en mouvement concentrique, le Yin.[23]

---

[23] On pense que le yin signifie essentiellement « élément sombre », « allant vers le bas » et « féminin ». Nous ne pourrions pas trouver un meilleur terme pour définir ce principe, et nous continuerons à l'utiliser pour identifier le MSQ ayant un mouvement concentrique. Il est possible que le Yin ait été utilisé à l'origine pour définir ce principe et que cette connaissance ait été perdue au fil du temps. La partie féminine de sa signification est une description poétique et est associée

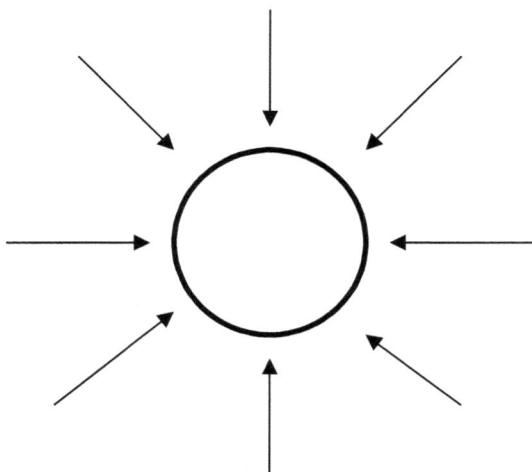

Nous avons déclaré précédemment qu'on croyait en l'existence [24] d'une substance interstellaire similaire appelée éther, mais comme on pensait qu'elle était statique, le concept a été rejeté à tort par les expériences de Michelson-Morley. La MSQ a une structure infinie qui le distingue des concepts précédents d'éther. Il se déplace également concentriquement vers les corps planétaires et n'a pas pu être détecté de la manière dont les expériences de Michelson-Morley ont été menées à l'époque. En fait, si Michelson et Morley avaient pris en compte la direction de

---

à la « création » de la matière, ce que nous découvrirons plus loin dans ce livre. Les scientifiques ont conclu que la « matière noire » invisible existe quelque part dans l'espace lointain et nous pourrions l'associer à « l'élément sombre » de la définition courante du Yin, mais comme l'expression « matière noire » fait partie des cosmologies courantes, nous ne l'utiliserons pas dans cette nouvelle cosmologie.

[24] Newton a déclaré que l'idée qu'un corps (planète) pourrait influencer un autre corps s'il y avait un vide absolu entre les deux est philosophiquement illogique. Nous ne pourrions pas être plus en accord.

l'écoulement concentrique de MSQ, ils auraient conclu à son existence et la physique théorique aurait pris une voie différente.

Mais pourquoi la MSQ pénètre-t-il dans les objets denses? Le sixième postulat nous amène à conclure que la MSQ est poussé, ce qui signifie qu'il est sous pression. Mais encore une fois, pourquoi pénètre-t-il dans les objets spatiaux, c'est-à-dire les planètes, les étoiles, les galaxies, etc. ? Pour répondre à cette question, nous devons nous rappeler qu'avec le nouveau paradigme, la matière n'est pas dispersée dans un espace vide : la matière crée l'espace! Nous avons utilisé l'expression « espace-matière » pour décrire ce concept, qui véhicule l'idée qu'il y a plus d'espace-matière dans les objets plus denses. La MSQ pénètre dans des objets plus denses parce qu'ils constituent une sorte de « trou » dans l'Univers; les objets plus denses contiennent plus d'espace-matière à l'intérieur. En d'autres termes, il y a plus d'éléments infinis dans les objets plus denses pour un même volume, ce qui crée la condition pour le mouvement de la MSQ car il est poussé dans ces « trous ». C'est un concept particulièrement important et c'est la base de la partie Yin du modèle de l'univers Yin Yang (le principe du Yang est définie dans un chapitre ultérieur).

La lumière

Nous déduisons que la lumière est faite de vibrations de la MSQ. En effet, la lumière possède une composante vibratoire et la MSQ, comme toute matière, vibre. Nous imaginons que seule la crête des ondes de la MSQ serait visible à l'œil humain. Cela signifie que la MSQ serait invisible sauf au point de condensation des ondes, c'est-à-dire lorsque les particules oscillantes de la MSQ se rapprochent périodiquement les unes des autres et que leur point de condensation devient visible. Ces points de condensation qui se promènent comme des vagues se comportent comme des particules. Les faits montrent que la lumière se comporte effectivement comme des ondes et donnent l'illusions de particules.

Cela est plus raisonnable car la vibration d'un vide n'a absolument aucun sens. Nous avons eu assez de concepts ésotériques depuis Einstein. Revenons au point où nous avons divergé et emprunté des voies théoriques insensées. Les vibrations sont le résultat des mouvements d'un milieu et donc sans médium, rien ne peut vibrer. C'est comme l'air et le son – il ne peut y avoir de son sans air, car le son est le résultat de la vibration de l'air. Il en va de même pour toutes les choses : une vibration est le résultat d'une matière en mouvement.

Parce que la lumière est un groupe de vibrations de la MSQ, elle se déplace avec son flux. La lumière est « courbée » par la gravité parce que la MSQ - et tous ses modes de vibrations, y compris la lumière - se déplace vers le centre des objets planétaires, solaires, galactique ou plus grand. Ce vecteur courbé de lumière montre simplement la direction du mouvement de la MSQ qui est le milieu dans lequel la lumière vibre et correspond donc au principe Yin.

Nous en sommes maintenant à un point de validation croisée : notre modèle nous a dirigés vers la confirmation que la MSQ existe. Cela nous a permis d'inférer un mouvement concentrique causant la gravitation. Nous avons donc déduit que la lumière était un effet de la MSQ en vibration et tout cela correspond au fait observé que la lumière est effectives courbée par la gravitation, ce qui s'explique en fait par le mouvement concentrique de la MSQ (Yin).

La Vitesse de la lumière : une constante?

La lumière a une vitesse aussi constante que la vitesse du son. Premièrement, rien n'est absolument constant dans un univers infini puisque tout est influencé par l'environnement qui y est associé. Évidemment, la vitesse du son est affectée par la vitesse du vent. Lorsque nous utilisons une planète comme point de référence, nous devrions nous attendre à la même chose pour la vitesse de la lumière telle qu'elle est modifiée par la variation de l'écoulement de la MSQ.

La vitesse de la lumière est associée à son milieu, la MSQ, et nous devrions nous attendre à certaines similitudes entre le son et la lumière. Les deux sont le résultat de vibrations, mais voyagent à travers des milieux différents en termes de tailles de particules et de tout ce qui est cohérent avec cela. Par conséquent, la lumière se déplaçant excentriquement, perpendiculairement à la surface d'une planète, devrait se déplacer plus lentement que la lumière se déplaçant dans la direction opposée, c'est-à-dire vers la planète. Incidemment, la différence entre les deux vitesses résultantes devrait nous permettre de déduire la vitesse moyenne du Yin entre les deux points d'observation.[25]

Simultanéité de la communication

Il n'y a pas de simultanéité absolue. C'est une illusion. Un objet ne peut pas communiquer avec un autre objet simultanément ou instantanément parce que l'information doit être communiquée par vibration, donc il faudra

---

[25] Yin est le SQM qui accélère vers les corps, comme nous le montrerons en annexe.

évidemment du temps pour voyager[26]. Cependant, comme nous l'avons dit plus haut dans ce livre, il existe un nombre infini de couches de milieux entre deux objets (allant vers l'infiniment petit) et chacun de ces milieux à sa propre signature de vitesse d'onde qui est une partie d'un continuum infini de vitesses d'ondes : plus les particules composant le milieu sont petites, plus la vitesse que nous pouvons attendre des propriétés du milieu est rapide. L'Univers est organisé de telle manière que la communication entre deux objets se situe sur plusieurs niveaux de l'infiniment petit, et donc l'information peut voyager sur plusieurs niveaux, ou plutôt sur une infinité de niveaux. Ainsi, la communication peut toujours se produire à un rythme plus rapide que celui que nos instruments de mesure peuvent enregistrer et donc nous sembler simultanée. L'apparente simultanéité de ce qu'on appelle le phénomène d'intrication quantique est une illusion. La vitesse à laquelle l'un communique avec l'autre est plus rapide que celle à laquelle nos instruments de mesure peuvent enregistrer.

La vitesse de la lumière : ce n'est pas une limite

Einstein a corrigé l'ancienne notion selon laquelle la vitesse pouvait être ajoutée à la vitesse de la lumière. Il a introduit l'idée que la lumière réfléchie ou émise par un objet conservera sa vitesse de signature, que l'objet se déplace ou non:

> Tu n'ajouteras pas ta vitesse à la vitesse de la lumière.[27]

---

[26] Si la communication se fait au moyen d'une onde, comme c'est souvent le cas, la vitesse de communication sera indépendante de la vitesse de la source de communication de l'objet.

[27] *Loc. Cit.*: Sagan p. 200

Il a déduit cette idée de son célèbre paradoxe de la simultanéité dans l'une de ses expériences bien connues. Parce qu'il croyait que la lumière était capable de voyager dans un vide complet, cela l'a forcé à affirmer que cela était dû à une loi de la nature. Ce faisant, il a « résolu » un aspect tout en obscurcissant un autre. En effet, une loi de la nature est inexpliquée si rien de plus significatif n'est dit...

Comme on ne pouvait pas augmenter la vitesse de la lumière même dans ce que l'on croyait être un vide, il en a déduit que la vitesse de la lumière était la limite « naturelle » de la vitesse uniquement en vertu de la structure de l'Univers.

> Tu ne voyageras pas à la vitesse de la lumière ou au-delà de celle-ci.[28]

Ces mystérieuses « lois de la nature » n'expliquaient pas la causalité des choses, mais étaient des déclarations qui étaient analogiquement suffisamment proches de la réalité pour permettre des prédictions précises. La confirmation des prédictions d'Einstein s'est produite à une époque où les expériences de Michelson et Morley ont convaincu la communauté scientifique que l'éther n'existait pas. Cela a conduit la communauté scientifique à choisir la voie d'Einstein, une voie qui portait une vision surréaliste de l'Univers où les ondes voyagent dans le vide sans être transportées par un substrat et où le vide « espace-temps », un tissu mathématique virtuel, peut être courbé[29] par des forces « naturelles » inexpliquées.

---

[28] *Ibid.*

[29] Comment un vide ou un vide absolu (dont nous avons démontré qu'il n'existe pas) peut-il être courbé? « Rien » n'est pas; il est inexistant et ne peut pas être courbé!

Quel discours surréaliste ! Les croyants en ce concept de l'Univers ne réalisent pas à quel point cette vision est mystique. Ils ont perdu de vue la façon dont la science est censée être : enlever le mystère et non pas l'amplifier. Mais nous supposons qu'il n'y avait pas d'autres options perçues comme valides à l'époque.

Ce n'est pas à cause d'une loi inexplicable de la nature, ce qui n'est pas l'essence même de la science, que la vitesse de la lumière ne peut pas être ajoutée à la vitesse d'un objet. C'est plutôt parce qu'il s'agit d'une vitesse d'une onde d'un milieu matériel qui vibre (MSQ).

L'affirmation selon laquelle rien ne peut voyager plus vite que la vitesse de la lumière a commencé à devenir progressivement une « religion » après que la vision d'Einstein de l'espace vide a perçu comme une confirmation par les expériences de Michelson et Morley indiquant que l'éther n'existait pas, en conjonction avec la prédiction d'Einstein selon laquelle la lumière est affectée par la gravité s'est avérée réelle.

En bref, les expériences de Michelson et Morley contiennent de sérieux défauts, et nous avons montré qu'elles n'ont rien démontré. Ces mêmes expériences pourraient être utilisées aujourd'hui pour soutenir l'idée de l'existence de MSQ lorsqu'il s'agit de rendre compte de la direction de son flux. De plus, la lumière est affectée par la gravité non pas parce que « l'espace vide » est courbé, mais parce qu'elle se déplace avec le flux de MSQ puisqu'il s'agit d'une vibration MSQ.

La vitesse du son dépend des propriétés de l'air. La lumière se déplace plus rapidement que la vitesse du son en raison de la nature vibratoire de la MSQ. Les particules plus petites et plus serrées de MSQ vibrent et tournent plus rapidement, transmettant les ondes plus rapidement que celles de l'air. Au fur et à mesure que nous explorerons les niveaux plus profonds de l'Univers fractale vers l'infiniment petit, en dessous de MSQ, nous devrions nous attendre à ce que les vitesses des ondes augmentent en raison de particules de plus en plus petites. Les vibrations à travers des couches infinies produisent des ondes de plus en plus petites avec des vitesses plus élevées, sur un continuum infini. La vitesse des ondes est corrélée avec l'endroit où les médiums et les ondes qui y sont associées sont situées. Comme ces endroits s'étendent sur tous les niveaux de l'infini, le continuum de vitesse n'a pas de limite supérieure ou inférieure.

L'information voyage d'un point A à un point B en temps fini par des intervalles de temps successifs non nuls. Dans un univers infini, les communications entre A et B peuvent se produire à travers des échelles infinies de matière vibrante, avec des vitesses augmentant à mesure que les échelles diminuent vers l'infiniment petit. Ainsi, il existe un continuum infini de vitesses.

Nous pourrons un jour mesurer des micro-vibrations beaucoup plus rapides que la lumière puisqu'il s'agira de vibrations de matière beaucoup plus petite, à une échelle beaucoup plus petite. Mais tout d'abord, une fois que nous commencerons à voir la matière qui crée les ondes lumineuses, un nouveau monde s'ouvrira, un nouvel « océan » sera découvert : la MSQ. Peut-être que certains scientifiques penseront que cette matière nouvellement découverte serait la plus petite matière qui existe, comme ils l'ont fait pour la découverte de l'atome, mais comme démontré précédemment, d'un point de vue philosophique, cette conception limitée sera une impasse.

Nous pouvons affirmer que le fait d'avoir établi l'inexistence d'un vide absolu augmente le pouvoir discriminatoire de validation par rapport aux modèles de l'Univers. Outre la nouvelle compréhension du fonctionnement de la gravité, nous avons ajouté un autre principe : **il n'y a pas de limite à la vitesse**.

Nous gagnerions beaucoup à interpréter les faits scientifiques selon ce nouveau paradigme. Il n'en reste pas moins que ce paradigme est en harmonie avec ce principe solide ancien et actuel : **rien ne se perd, rien ne se crée, et tout est en perpétuelle transformation**.

La Terre mère

Rappelons que l'Univers n'est pas un espace vide avec des objets à l'intérieur, une vision imparfaite et dépassée qui crée des paradoxes. Au lieu de cela, il est infini, avec une densité variable, où tout est interconnecté à toutes les échelles de l'infini et ce, sans vide.

L'Univers est fait de matière infinie de différentes densités et de couches de niveaux inférieurs qui sont poussées vers la matière de niveaux supérieurs (objets faits d'atomes par exemple), qui contient plus d'espace-matière infini par volume. C'est ce qu'on appelle le mouvement Yin. Le Yin ne se limite pas au MSQ qui s'approche des galaxies, des étoiles et des planètes, il existe pour la cohésion des molécules et des atomes, et de toutes les particules qui les composent (protons, neutrons, quarks, électrons, etc.). Cela signifie que si la MSQ pénètre le centre des étoiles et des planètes (Yin), il pénètre également les atomes des molécules et chaque particule de l'infiniment petit car la MSQ est composée d'un infinité de niveaux qui, chacun, est poussé vers les particules du niveau correspondant et avec des vitesses correspondantes (de plus en plus rapide).

Il continue sa pénétration à l'intérieur de chaque particule plus petite qui constitue la matière du niveau précédent de la matière, descendant ainsi dans l'infiniment petit par les parties infinies de la MSQ.

Le mouvement Yin maintient ainsi toutes les particules de l'Univers, de l'infiniment grand à l'infiniment petit, dans un continuum Yin infini. Au lieu d'avoir plusieurs forces fondamentales, comme on le pensait auparavant, il y a un continuum infini de mouvements concentriques de niveaux de matière sur des objets plus denses selon les niveaux. Tous sont unis dans un seul principe : le Yin.

Rappelons qu'il y a une raison pour laquelle la MSQ se déplace de manière concentrique : MSQ est sous pression. La MSQ pressurisée s'écoule dans la direction des astres. Ces astres agissent comme des « trous » à travers lesquels la MSQ est poussé par la pressurisation qui existe dans ce milieu.

Cependant, en raison de la MSQ qui poussent dans toutes les directions sur une planète par exemple, la MSQ atteindra, en son centre, un niveau de pression qui lui permettra de se transformer en atomes et en molécules. Quelque part au centre d'un astre, la MSQ est comprimé en particules du niveau de cet astre. La MSQ est continuellement transformée et c'est en partie pourquoi elle se déplace toujours vers un corps plus dense. Ce processus, par lequel la MSQ est transformé en atomes et en molécules, est semblable au processus par lequel un gaz est transformé en solide. La MSQ qui est comprimé en atomes et en molécules au centre d'une planète ou d'une étoile.

Les astres agissent comme des générateurs de matière du niveau de l'astre. Ce modèle pourrait expliquer l'origine des volcans. L'excès de matière créée constamment au centre de la Terre forme la lave qui est poussée à travers les fissures de la croute terrestre et vers la surface. Elle est éjectée en surface en raison de la pression de la nouvelle matière qui s'accumule en son centre.

La MSQ est compacté et crée la matière du niveau supérieur [30]. Les planètes et les étoiles accroissent de l'intérieur. C'est ce que prédit ce modèle. Les théories actuelles sur l'origine des volcans ont été formulées sur la base d'hypothèses et de théories anciennes, et si cette particularité du modèle que nous proposons est valide, les théories sur les volcans devront être reconsidérées.

Les petits astres qui n'atteignent pas la pression critique de MSQ pour intégrer de la matière plus petite dans de plus grands niveaux de matière en leur centre reçoivent toujours du Yin. Cela se produit parce qu'une partie de la matière infinie qui compose la MSQ est intégrée des niveaux inférieurs aux niveaux supérieurs de la matière quelque part à l'intérieur des atomes de ces astres, *à l'infini,* c'est-à-dire vers l'infiniment petit. Il n'y aurait pas de lave créée à l'intérieur de ces corps et la vitesse et la pression du Yin (mouvement concentrique) ne seraient pas assez fortes pour que cela se produise.

À notre niveau de l'infini, les étoiles et les planètes ont un Yin qui atteint une vitesse suffisante pour provoquer une compression centrale qui forme de la matière de hiérarchie supérieure au MSQ (atomes et molécules). Les objets plus

---

[30] Il est intéressant de noter que la création de la matière à un niveau supérieur est en quelque sorte ce que le descripteur « féminin» représente dans l'ancienne définition du Yin, et cela correspond parfaitement au principe de physique que nous établissons ici et qui est principe créateur. Il se peut que ce principe ait été découvert ou révélé dans le passé.

petits qui n'atteignent pas cette vitesse de Yin sont les astéroïdes. Les astres qui génèrent de la lave dans leur centre sont des planètes ou des étoiles. Seules les étoiles émettent de la lumière et est fonction de leur taille, ce qui est en corrélation positive avec la vitesse Yin. La vitesse supérieure de leur Yin, lorsqu'on les compare aux planètes, les allume…

En résumé, tout ce qui existe comprend des niveaux infinis de matière. La MSQ est aussi constitué de particules formées par un Yin de niveaux MSQ inférieurs, s'étendant jusqu'à l'infiniment petit. Lorsque le Yin d'une planète frappe sa surface, une partie de la MSQ continue vers le noyau de la planète, tandis que le reste pénètre dans chaque atome, formant son propre Yin, et se dirige vers les particules et, ensuite à l'intérieur de celles-ci, en utilisant des niveaux de MSQ de plus en plus petits. Cela signifie que la gravitation ne peut pas être constante sur un astre car les différents objets en chute libre peuvent avoir un Yin sur et en eux-mêmes différent en raison de leur composition ce qui affectera la vitesse de leur chute mais faiblement. Les objets peuvent tomber à des vitesses différentes, bien que ces différences soient minimes.

Le Big Bang

Le décalage vers le rouge se produit lorsque le rayonnement électromagnétique se déplace vers l'extrémité rouge du spectre en raison d'une augmentation de la longueur d'onde, comme il est expliqué dans les manuels. L'une des causes du décalage vers le rouge est l'effet

Doppler, où la longueur d'onde du rayonnement d'une source s'éloignant de l'observateur augmente.[31]

La plupart des étoiles et des galaxies présentent un décalage vers le rouge, leurs distances estimées étant à peu près proportionnelles à ce décalage vers le rouge. Cela a conduit plusieurs physiciens à interpréter l'Univers comme provenant d'un point minuscule qui a explosé lors d'un Big Bang, initiant son expansion et provoquant le décalage vers le rouge observé. Cependant, d'autres phénomènes, comme la diffusion et les effets optiques[32], peuvent également produire un décalage vers le rouge.

Puisque nous savons maintenant que l'espace n'est pas vide (rempli de MSQ, de gaz, de poussière, etc.), il se peut que le décalage vers le rouge soit causé par l'effet indirect des vibrations de la MSQ sur de grande distance, en plus de l'interférence due aux gaz et aux poussières de toutes sortes. Normalement, plus la source est éloignée, plus nous trouverons de décalage vers le rouge sans qu'il soit nécessairement causé par un Univers en expansion. La poussière et le gaz contribueraient également à réduire le décalage vers le rouge et, par conséquent, à diminuer la relation entre l'intensité du décalage vers le rouge et la distance, car la poussière et le gaz ne seraient pas nécessairement répartis uniformément.

En ce qui concerne le son, il est connu que les basses fréquences voyagent plus loin que les hautes fréquences.

---

[31] L'effet Doppler se produit à travers le son et constitue une autre similitude entre le son et la lumière, qui soutient l'idée que la lumière est une vibration de la matière existant dans l'espace : le SQM.

[32] Burbidge, Geoffrey, Décalages vers le rouge non cosmologiques ; Les publications de la Société astronomique du Pacifique, volume 113, numéro 786, pp. 899-902.

Ce fait a été observé par l'armée, c'est-à-dire le sonar, qui utilise des fréquences plus basses pour des capacités à longue portée. Les ondes radio de fréquences plus basses peuvent également atteindre une distance plus longue.[33] Puisque nous supposons que les ondes radio et la lumière ont le même milieu (MSQ) et que le rouge est la fréquence la plus basse du spectre visible, nous devrions nous attendre à voir plus de rouge que les fréquences plus élevées émanant d'étoiles lointaines. En général, à de plus grandes distances, on observe davantage de fréquences lumineuses basses, situées à l'extrémité rouge du spectre. Outre la distance, la densité du « bruit » entre la source de lumière et l'observateur pourrait également être un facteur contribuant à bloquer davantage les hautes fréquences en laissant une concentration plus grande de basse fréquence (vers le rouge). C'est une propriété de l'environnement vibratoire, quel qu'il soit : air, eau ou MSQ, et cela devrait facilement expliquer pourquoi la lumière des étoiles a un décalage vers le rouge.

Les radiotélescopes ont mis l'accent sur une faible signal associée aux micro-ondes cosmiques, et les scientifiques ont trouvé un moyen de l'interpréter d'une manière qui soutient la théorie du Big Bang . Il est considéré comme un « écho » du big bang originel...

Les galaxies qui se trouve de plus en plus éloignées émettent des rayonnements de plus en faible et peut donc être responsable de ces ondes associées à tort à un écho du Big Bang. Mais encore une fois, les scientifiques qui

---

[33] Les ondes radio des basses fréquences semblent être moins affectées par le phénomène appelé « absorption ». Il se pourrait que l'on retrouve ce phénomène dans tous les environnements vibratoires.

préfèrent la théorie du Big Bang et un univers vide ont tendance à interpréter ce fait particulier d'une manière qui soutient leur théorie.[34]

Un facteur qui a peut-être aidé la théorie du Big Bang à acquérir un tel attrait est qu'elle fournit une explication du début de l'Univers, ce qui est plus philosophiquement confortable pour beaucoup de gens que l'idée d'un Univers sans point de départ. C'est pourquoi tant de faits ont été interprétés de telle manière qu'ils soutiennent la théorie du Big Bang. Parce que cette explication est maintenant si bien ancrée dans l'esprit des scientifiques, c'est l'interprétation qui prévaut actuellement. En conséquence, toutes les autres explications du décalage vers le rouge ont été négligées ou marginalisées. Il est probable que l'interprétation dominante sera là pendant longtemps ou jusqu'à ce qu'une autre génération arrive avec une autre façon de penser. Le fait que plusieurs personnes pensent que le Big Bang est un fait établi montre qu'elles ne sont pas conscientes du processus d'adoption d'une théorie particulière.

Premièrement, l'interprétation d'un fait n'est pas un fait, peu importe le nombre de scientifiques la soutiennent. N'oublions pas que la plupart des scientifiques soutenant une théorie n'est pas nécessairement un critère de validité de ladite théorie. Très peu de gens ont l'audace d'aller à l'encontre de la majorité, et c'est pourquoi il est si difficile de faire un changement de paradigme. En effet, ceux qui aiment la vérité plus qu'eux-mêmes sont ceux qui font le

---

[34] Il est possible de réviser tous les faits associés au Big Bang et de les interpréter en utilisant le paradigme que nous proposons dans ce livre. Mais cela dépasse la portée et les objectifs de ce livre. Nous laissons à d'autres cet exercice.

changement de paradigme, mais ils sont très rares et sont souvent des marginaux.

Deuxièmement, les gens oublient que choisir une théorie scientifique plutôt qu'une autre n'est pas nécessairement de la science : la plupart des scientifiques, d'une certaine manière, votent pour une théorie. De plus, lorsque les publications scientifiques commencent progressivement à rejeter les articles qui s'opposent à la théorie dominante, cela ne fait que ralentir le processus par lequel une théorie pourrait autrement être remise en question, et peut-être finalement rejetée et disparaître. En fait, il existe un facteur politique important dans la pratique de la science qui entrave le changement des paradigmes actuels car le choix des articles à publier subit la force des paradigmes et des pressions sociales des pairs…

Relativité

Lorsque la théorie de la relativité discute de la dilatation du temps, elle affirme que le « temps » peut être modifié par rapport à l'environnement. Honnêtement, nous ne savons pas ce qu'est le « temps » si ce n'est que la continuation de ce qui existe. Cependant, peut-être pouvons-nous souligner ce qu'il n'est pas.

On dit qu'un atome à haute altitude aura son propre « temps » se déplaçant à un rythme plus rapide qu'il ne le ferait à une altitude plus basse. Des expériences ont été réalisées dans lesquelles des horloges atomiques synchronisés au départ, ont été soumis à des altitudes élevées et basses et leurs « temps » ont été comparés par la suite. L'horloge à haute altitude était en effet plus rapide que celle à basse altitude.

Mais qu'est-ce qui a été mesuré exactement? Les expériences ont mesuré les vibrations atomiques. En effet, une horloge atomique n'est rien de plus qu'un compteur de vibrations. Il traduit le nombre de vibrations en secondes, minutes et heures d'une référence de vibration atomique donnée.

Puisque les relativistes croient que l'espace est vide, ils ne peuvent imaginer autre chose que le « temps » expliquant la différence de fréquence entre les altitudes (toutes choses étant égales par ailleurs).

L'espace n'est pas vide, et le Yin accélère en s'écoulant vers le centre d'un corps planétaire. Les changements de fréquence des atomes de référence dans une horloge atomique résultent de variations de vitesse et de pression du Yin, et non de différences de temps. À des altitudes plus basses, l'augmentation de la vitesse et de la pression Yin modifie la forme des atomes et ralentissant leurs vibrations. Si la dilatation du temps était réelle, comme dans une vidéo au ralentie, la forme de l'atome resterait inchangée. Cependant, des changements de forme se produisent en raison de la variation de la pression de la MSQ avec l'altitude, ce qui confirme que le temps n'est pas la cause de ces observations. **La différence de volume ou de forme d'un atome entre deux états Yin (gravitationnels) discrédite l'interprétation qui affirme que le « temps » est dilaté.**

Maintenant, imaginons que vous voyagez dans l'espace à la même vitesse que le Yin d'une planète au niveau de la mer. Vous ressentirez alors un effet identique au Yin, mais au lieu que la MSQ vous tombe dessus, vous allez vers la MSQ. Cette idée peut être illustrée en utilisant le vent comme exemple. Vous pouvez rester immobile et sentir une brise frapper votre visage (s'il y a du vent) ou conduire une moto à la même vitesse de vent dans un environnement sans vent et créer le même effet de vent sur votre visage. En d'autres termes, vous pouvez créer l'effet du vent lorsqu'il n'y en a pas, en voyageant dans l'air. Par conséquent, si nous allons assez vite dans l'espace, nous ressentirons un effet comme l'effet de la gravité, ou l'effet Yin ressenti à la surface d'une planète par exemple, même à vitesse constante (dans un endroit éloigné des étoiles et des planètes pour plus de précision). En effet, comme nous l'avons déjà établi, l'espace n'est pas vide et la MSQ passera à travers les atomes qui composent notre corps, créant ainsi le même effet que la gravité ou le Yin.[35]

Si, par exemple, nous voyageons dans un vaisseau spatial 50,000 fois plus vite que la vitesse de la MSQ près du niveau de la mer, nous aurons froid parce qu'une augmentation de la vitesse de la MSQ diminuera la vibration des atomes de notre corps par quelque chose de similaire à un effet thermique (interprété faussement comme une dilatation du temps). Pour éviter d'être aplatis comme une crêpe sur le sol du vaisseau spatial par l'énorme flux de MSQ traversant le vaisseau spatial et les atomes de notre corps biologique, nous devrons peut-être projeter un flux presque équivalent à la MSQ dans la direction opposée juste dans l'espace de notre corps. Cela permettrait de contrebalancer le flux de la MSQ, nous permettant ainsi de survivre (en laissant un flux résiduel vers le sol du vaisseau pour ressentir une « gravité/Yin » normale). Cependant, cela augmentera encore l'effet thermique (froid) sur chaque atome de notre corp. La poussée de MSQ n'est active qu'à

---

[35] Si nous accélérons, l'effet « d'inertie » (plus loin dans ce chapitre) s'ajoutera à l'effet de vitesse relative du SQM.

l'intérieur de l'atome et c'est pourquoi l'intégrité des cellules biologiques du corps serait préservée.

Par conséquent, l'effet des voyages spatiaux à grande vitesse prédit par ce modèle est que notre corps se refroidira non pas en raison de l'exposition à des conditions externes plus froides, mais en raison de l'augmentation du flux bidirectionnel de MSQ affectant tous les atomes des cellules biologiques du corps. Par conséquent, cela ralentira la rotation des atomes (effet thermique) et créera une sensation de froid telle qu'interprétée par le système sensoriel du cerveau humain. Encore une fois, le ralentissement de la rotation des atomes n'a rien à voir avec la dilatation du temps, ils se ralentissent à cause du Yin qui les pressurise, diminuant leurs fréquences.

Correction sur le principe d'équivalence

En affirmant que nous serons capables de reproduire l'effet Yin (gravité) en allant à une vitesse constante dans l'espace correspondant à la vitesse Yin à la surface de la Terre, se sera considérés comme hérétique. En effet, aller à l'encontre du principe d'équivalence d'Einstein ou de la première loi de Newton, qui stipule que seule l'accélération (et non une vitesse constante) créera un effet similaire à la gravité, est assez significatif. Les expériences futures indiqueront où se trouve la vérité.

En dehors de cela, il n'y aura aucun endroit dans l'Univers où « un corps persiste dans un état de mouvement uniforme ou au repos » parce que tous les mouvements se produisent dans un environnement non vide. La direction du flux MSQ affectera toujours les mouvements des corps qui se déplacent sur et à travers lui. Tout sera relatif à l'environnement et sera approximative car l'infinie impose cette relativité.

Le modèle Yin (Yang), cependant, prédit que pour qu'un objet se déplace à une *vitesse à peu près constante* en rapport à d'autre objets de référence, il faudra qu'une poussée constante faible lui soit appliquée. En effet, puisque les objets se déplacent dans la MSQ, ils ralentiront avec le temps si aucune poussée n'est ajoutée à leur propre mouvement. Mais puisque tout bouge dans l'Univers, c'est relatif.

Déviation de la lumière des étoiles

Le mouvement Yin de la MSQ explique directement la déviation de la lumière des étoiles lointaines par le soleil et est la substance de Yin à partir de laquelle les vibrations forment la lumière. La déviation se produit parce que le flux de la MSQ se déplace vers le soleil (Yin), transportant ainsi la lumière avec elle. Einstein a prédit cette déviation à travers le concept ésotérique de « courbure de l'espace-temps », une sorte de matrice imaginaire (modèle mathématique) constituant le « tissu » ultime de l'espace. En l'occurrence, la théorie de la relativité a démontré suffisamment de mouvements de l'Univers pour être capable de prédire plusieurs faits et a donc été acceptée par la communauté scientifique.

Le concept, cependant, est imparfait. Ce n'est rien d'autre qu'une notion mystique car elle repose sur un tissu d'espace composé de vide, [36] et donc il suppose que la vacuité absolue existe, et que l'inexistence peut être courbée. C'est

---

[36] Einstein a également supposé une matrice « mathématique » formant le vide. Il pensait en fait que la « matrice » mathématique qu'il utilisait (tenseur) pour représenter l'univers était le tissu de l'univers lui-même. Il croyait que l'analogie mathématique était réelle, et ce défaut ne fait qu'ajouter au mysticisme de sa théorie.

un non-sens. Comme nous l'avons démontré dans le chapitre I, ce type de raisonnement défie la logique et mène à des impasses, qui, d'une certaine manière, sont des pièges conceptuels qui nous empêchent de comprendre la physicalité de l'Univers.

Décalage gravitationnel vers le rouge

Selon la théorie de la relativité, le décalage gravitationnel vers le rouge est un décalage vers le rouge causé par la gravité. Là encore, le décalage vers le rouge n'est pas causé par la dilatation du temps mais par la variation de la vitesse et de la pression de la MSQ provoquée par l'effet Yin, qui, à son tour, modifie la longueur d'onde du rayonnement électromagnétique porté par la MSQ.

L'inertie

L'inertie d'Isaac Newton (*Inertia* in *Philosophiae Naturalis Principia Mathematica*) est définie de cette façon:

> La *vis insita*, ou force innée de la matière, est une puissance de résistance, par laquelle tout corps, autant qu'il se trouve en lui, continue dans son état actuel, soit qu'il soit de repos, soit qu'il se déplace uniformément en avant sur une ligne droite. *(Traduit par l'auteur)*

Mais encore une fois, ce n'est qu'une description, et aucune explication d'un mécanisme intrinsèque n'est donnée. Dans notre nouveau modèle théorique, l'inertie est causée par le Yin présent autour et se dirigeant dans chaque objet, dans chaque atome, etc. Le mouvement concentrique de MSQ maintient l'objet en place car la poussée vient de toutes les directions. Si 6 personnes poussent toutes de manière égale sur un ballon dans 6 directions également distribuées, le ballon restera immobile. Cependant, si une septième personne pousse assez fort sur le ballon avec un doigt, il se déplacera dans la direction pointée par le doigt. Si nous demandons aux 6 personnes de doubler la force de leur poussée sur le ballon (ce qui équivaut à doubler le champ gravitationnel et son inertie) , cette fois la septième personne devra pousser sur le ballon un peu plus fort (peut-être doublement plus fort) pour qu'il se déplace à la même vitesse. Cela explique pourquoi la gravité et l'inertie sont directement liées, et c'est pourquoi plus la première est forte, plus la seconde est forte. Le même principe s'applique à tous les objets : l'intensité du Yin est ce qui crée l'inertie. Mais la loi d'inertie doit être modifiée car il n'y a pas de vide mais plutôt la MSQ et le Yin.

De plus, puisque rien n'est stationnaire dans l'Univers et que tout, y compris la MSQ, est en mouvement, un objet se déplacera donc avec le flux de MSQ. Si un objet se trouve dans l'espace et que vous le poussez, vous augmentez la poussée d'un côté et l'objet se déplacera dans la direction de la poussée. Mais la poussée du Yin de l'autre côté agit contre cette poussée supplémentaire et crée une résistance ce que l'on nomme l'inertie.

Comme indiqué précédemment, en raison du Yin présent dans chaque objet, qui provoque l'inertie, une partie du Yin MSQ d'une planète est utilisée pour le Yin qui existe dans un objet qui tombe, et il supprimera donc un peu de la poussée du flux principal que le Yin de la planète a sur cet objet. Par conséquent, certain objets peuvent « tomber » un peu plus lentement que prévu par rapport à d'autres objets.

Le temps

Être est, ne pas être n'est pas... Sur la base du troisième postulat et de sa démonstration logique, la vacuité absolue ne peut exister, et à cause de cela, nous pouvons en déduire que l'existence de ce qui existe est forcée d'être éternelle, sans commencement ni fin. Mais tout se transforme. Cela signifie que l'affirmation « être » possède un attribut « éternel ». En d'autres termes, la notion même « d'être » ou « d'exister » est éternelle. C'est pourquoi le temps n'est que la conséquence d'un état permanent « d'être ». Le concept de temps est le souvenir du présent qu'il était autrefois et son extrapolation dans la mémoire (ce qui est du domaine artificiel de l'information) de ce que pourrait être l'avenir.

Ce qui existe, existe maintenant, non pas avant ou après, mais seulement maintenant. Ce « maintenant » doit continuer à exister parce que le « vide » n'a pas d'existence, il ne peut pas exister. Cela signifie que ce qui existe doit exister éternellement, et que[37] le temps est le résultat de l'existence éternelle du tout. Le temps n'est donc pas quelque chose en soi, c'est la conséquence indirecte de l'existence perpétuelle des choses. C'est pourquoi le temps ne peut pas être mesuré directement.

Nous avons vu qu'il n'y a pas de dilatation du temps, puisque les vibrations d'un objet se déplaçant à grande vitesse ou sous l'influence d'un Yin ou « champ gravitationnel » sont simplement sous un flux plus important de la MSQ. Comme nous l'avons expliqué, la MSQ influence la vibration des atomes composant un objet, qui à son tour influence tout instrument qui mesure la fréquence vibratoire des atomes de cet objet. Par conséquent, il n'existe pas d'appareil de mesure du temps.

Ce qui rend les choses plus difficiles lorsqu'il s'agit de l'infini, c'est qu'il n'y a pas de mesure définitive de quoi que ce soit. Qu'il s'agisse *du temps* ou de l'espace, nous sommes condamnés à toujours faire des approximations. Mais nous pouvons toujours le faire avec suffisamment de confiance si c'est mesuré avec une marge de précision suffisante. Une

---

[37] Pas nécessairement dans sa forme actuelle, car tout dans l'Univers est en perpétuelle transformation.

autre difficulté que nous rencontrons est que dans un univers infini, tout se meut par rapport à quelque chose d'autre au lieu d'être absolument fixe ou statique.

En résumé, les choses doivent être mesurées par rapport à un point de référence, qui n'est jamais statique, et donc, ne donnera toujours qu'une approximation. Le concept de « distance » a des unités de mesure qui nous permettent de faire référence à l'espace, à la surface et au volume, mais qui seront toujours arrondies à un nombre adéquat pour nos besoins. L'Univers a toujours trois dimensions, mais celles-ci existent dans un continuum spatial infini et fractale. En conclusion, nous connaissons le « temps » comme le résultat de la mesure de la rotation ou de l'unité de fréquences, qui n'est pas vraiment du temps mais simplement une mesure de mouvements cycliques déduite comme « temps » mais qui est toujours extrêmement utile si cette mesure est suffisamment précise dans son estimation en tenant compte des variables qui peuvent influencer cette mesure.

Voyage dans le temps

Les histoires de voyage dans le temps sont fascinantes. Serons-nous un jour capables de voyager dans le temps ? Si seulement c'était possible. Cependant, nous ne pourrons pas « voyager » dans le passé car, comme nous l'avons dit, seul le temps présent existe. Nous voyageons cependant dans le futur, même maintenant pendant que vous lisez ces lignes, parce que ce genre de voyage se produit - mais seulement parce que ce qui existe continue d'exister - laissant une trace dans nos mémoires de ce qu'il était autrefois. Nous ne « voyagerons » pas plus vite dans l'avenir parce que ce qui existe, n'existe que maintenant. Seul le présent existe et continuera d'exister pour toujours sans pouvoir l'arrêter.

Nous ne pourrons pas voyager dans le futur, c'est-à-dire plus vite que la vitesse de l'existence elle-même, mais il existe un moyen pour les êtres intelligents de voyager dans le future mais seulement de façon perceptuelle. Une équipe de scientifiques très avancés pourrait construire un vaisseau spatial entièrement automatisé qui maintiendrait des voyageurs inconscients, [38] sans vieillir, et les réveillerait brièvement tous les mille ans. Chaque « matin », une routine matinale leur permettant d'observer de vastes changements dans le cosmos, comme un saut de mille ans dans le futur, et ce, à chaque période de « sommeil ».

L'Univers demeure inchangé par ce type de « voyage dans le temps ». Les voyageurs perdent simplement conscience de leur environnement pendant un certain temps, ce qui revient à « dormir » au fil du temps. Au réveil, ils remarquent que l'Univers a vieilli, disons mille ans, parce qu'ils étaient inconscients durant mille ans. C'est ce qui se passe normalement durant le sommeil normal, où nous nous déconnectons de la réalité pendant environ huit heures par nuit. De même, les personnes subissant un long coma font l'expérience d'un « voyage dans le temps » bien que leur corps vieillisse en même temps que le reste du monde.

Dans le futur, après avoir établi le contact avec beaucoup de nos éventuels amis extraterrestres , il se pourrait que certains d'entre eux, parmi les civilisations les plus âgés, disparaissent sans laisser de trace, créant ainsi un mystère. Nous pourrions alors en déduire qu'ils ont été détruits par

---

[38] Ou garder leur signature cérébrale et leur ADN intacts et les ressusciter grâce à une technique de clonage très avancée.

une sorte de catastrophe astrale, qu'ils se soient éloignés, ou qu'ils aient décidé de devenir des « voyageurs temporels », disparaissant de l'écoulement naturel du « temps » [39].

---

[39] Outre l'idée d'être de simples touristes du temps, le voyage dans le temps pourrait faire partie d'une expérience stellaire à long terme dans laquelle il serait préférable de « dormir » pendant le voyage temporel et de se réveiller de temps en temps pour que le résultat soit vu plus rapidement. Nous pensons que lorsque nous atteignons un certain niveau de technologie nous permettant de vivre éternellement (comme nous le ferons sans doute un jour), ce que nous comprenons du temps n'a pas une importance absolue mais une importance relative et vivre dans un continuum temporel plutôt qu'un autre a une importance relative.

IV - Yang

Nous avons montré que le Yin est un mouvement concentrique de MSQ vers les corps planétaires parce que la MSQ pressurisé va là où il est plus facile d'aller et s'intègre pour créer des matières plus condensées. Par conséquent, et au fil du temps, la pression de MSQ d'un environnement planétaire donné diminuera ainsi que l'intensité du Yin. La gravitation diminuera. Cela se produit parce que la MSQ est intégré dans une matière plus dense (transformant la MSQ en atomes par exemple) à l'intérieur de grands corps dans l'espace, tels que les étoiles et les planètes.

Lorsque la MSQ est comprimé en atomes, il y a moins de MSQ dans cet environnement, ce qui abaisse la pression de MSQ. La vitesse du Yin au niveau de la mer (gravité au niveau de la mer), ainsi que toutes les autres forces concentriques liées au Yin, se traduiront par une diminution progressive. Cette diminution est extrêmement lente et pourrait n'être mesurable qu'en termes de milliers ou peut-être de millions d'années. Cette diminution de la pression atteindra, avec le temps, un niveau critique où l'intensité du Yin ne sera plus suffisante pour maintenir l'intégrité du corps. Étant donné que le Yin maintient toute la matière à son niveau existant, et qu'il est dû à une MSQ pressurisée, un manque de pression produira du Yang, autrement dit produira une explosion, c'est-à-dire une nova ou une supernova. Cela arrive principalement aux étoiles, car elles sont les plus susceptibles d'être les plus touchées par la diminution de l'intensité Yin. En effet, ce sont les plus gros objets d'un système solaire et ce sont elles qui absorbent le plus de MSQ.

Une fois que l'étoile (faite de matière intégrée poussée ensemble par le Yin) devient trop grande, sa taille atteint un point où il n'y a pas assez de MSQ autour pour entrer dans l'étoile avec une vitesse suffisante et une poussée correspondante pour la maintenir ensemble. Le yin n'est pas assez fort pour maintenir les atomes de l'étoile ensemble. Cette étoile se désintègre alors par une gigantesque explosion : ce qui était autrefois intégré se désintègre, exactement comme la poudre à canon se transforme en gaz lorsqu'elle est enflammée. En contrepartie, cette désintégration créera une nouvelle MSQ et, à son tour, augmentera localement la quantité de MSQ. Cette explosion rétablira la pression de MSQ trouvée dans cet environnement.

En résumé, au cours du processus de désintégration, les atomes et les molécules de l'étoile se transforment en MSQ, ce qui augmente la pression MSQ à un niveau tel que la désintégration cesse. La MSQ nouvellement créé est repoussé dans tous les corps restants, revenant ainsi à l'état Yin. Ce qui était autrefois intégré dans cet environnement est maintenant détruit ou plutôt désintégré en une forme plus petite (MSQ). Cette étape de désintégration est ce que nous appellerons maintenant le Yang.[40]

C'est ce qui se produit lorsque deux morceaux d'uranium 235 sont assemblés, chacun étant non-explosif. Lorsqu'on les approche et les touche, l'ensemble du système atteint un niveau critique où la vitesse du flux Yin n'est pas assez élevée pour maintenir les molécules des blocs d'uraniums lorsqu'ils sont poussés l'un contre l'autre et devient un bloc plus gros, le système se désintègre; le Yang se produit. Il s'ensuit que la désintégration transforme les atomes d'uranium en MSQ qui s'épand autour, repoussent l'air vers l'extérieur de l'explosion parce qu'elle le traverse très rapidement, annulant la gravité localement et temporairement. Le Yin de la planète est perturbé sur le lieu de l'explosion pendant quelques secondes durant le temps que la MSQ traverse l'air autour et le pousse vers l'Extérieure du centre de l'explosion, Lorsque le Yin planétaire est rétabli, l'air reprend sa place originelle de par le Yin de la planète. L'équilibre naturel de l'atmosphère, déterminé par les différences de pression, fait que l'air revient vers le centre de l'explosion une fois que la SMQ l'a traversée, rétablissant ainsi l'équilibre gravitationnelle originale.

L'état Yin est prolongé, favorisant la création en intégrant la matière subquantique dans un niveau de l'infini d'ordre

---

[40] Le Yang est historiquement défini comme brillant, actif, « en quête de haut », et destructeur. La signification historique du Yin Yang est si parfaitement en accord avec cette théorie que nous énonçons ici qu'il semble naturel de nommer le modèle actuel d'après ces termes.

supérieur, c'est-à-dire de la MSQ en atomes, s'alignant sur sa définition historique du Yin en tant que force créatrice. À l'inverse, le Yang est bref caractérisé par l'explosion. Cela correspond à la définition historique du Yang (brillant et destructeur). Cette interaction reflète les rythmes fondamentaux de l'Univers, tels qu'ils sont décrits dans ce nouveau modèle cosmologique.

Dans la partie de l'Univers dans laquelle nous nous trouvons, nous sommes dans un état de Yin, un état de création d'astres. Mais beaucoup plus loin, on observera, de temps en temps, d'énormes explosions stellaires, comme des novas et supernovas, qui représentent un état de Yang. La plupart des composants que l'on trouve dans notre Univers sont dans un état de Yin, mais il y a certains composants qui sont dans un état de Yang. La destruction est rapide et soudaine, tandis que la création est lente, et c'est pourquoi le Yin est l'état le plus courant de l'Univers tandis que le Yang est le plus rare mais l'un balance l'autre dans un cycle Yin Yang infini.

Dans l'état Yang, lorsque la pression augmente à la suite de l'explosion qui crée de la nouvelle MSQ, il y a des composants qui commencent à être dans l'état Yin. Les deux États sont en mouvement continuel et perpétuel. Il y a un peu the Yin dans l'environnement du Yang et un peu de Yang dans l'environnement du Yin, Dans nos atomes et vers l'infiniment petit, nous trouverons également des états du Yin et du Yang. L'aspect cyclique des mouvements Yin et Yang est très bien représenté dans la symbolique qui lui est associée (voir image suivante).

Il est très étrange que les anciens concepts du Yin et du Yang s'accordent si parfaitement avec ce modèle théorique de l'Univers, ce qui, encore une fois, pourrait être un signe que le modèle actuel de l'Univers a peut-être été découvert il y a longtemps, et que ce qui nous reste est représenté par la philosophie Yin Yang et son symbolisme.

Les forces de répulsion dans l'infiniment grand

Si deux galaxies devaient se pénétrer l'une l'autre, la pression de MSQ diminuerait très rapidement à la périphérie des galaxies où elles pénètrent l'une dans l'autre en raison de l'augmentation « soudaine » en densité des systèmes solaires (qui sont des particules de galaxies).

Donc, cela réduira « soudainement » la pression de SMQ à un niveau critique car il y aura, dans un relativement très court temps, trop de « trous » (étoiles) dans un volume donné. Cela créera des réactions Yang localisées qui, à leur tour, rétabliront la pression initiale. Plusieurs étoiles exploseront et la MSQ créée fera l'effet d'une force répulsive entre les deux galaxies. Cela perturbera également la forme des deux galaxies pendant un certain temps.

Une « force » répulsive dans le macrocosme est absente de la physique standard. C'était la pièce manquante qui était nécessaire pour améliorer l'analogie entre le macrocosme et le microcosme. Nous avons maintenant une analogie parfaite entre les deux mondes avec l'avènement du modèle de l'Univers Yin Yang.

La même chose se produit au niveau atomique et subatomique, à tous les niveaux vers l'infini. C'est ce qui se passe lorsque nous nous heurtons à un mur ; nous ne pouvons pas pénétrer dans le corps de la paroi sans générer des réactions Yang dans la zone où les deux corps sont en contact l'un avec l'autre. C'est pourquoi je peux pousser la paroi et ne pas pénétrer sa structure moléculaire interne.

Parce que les explosions rayonnent vers l'extérieur, la loi de l'inverse du carré les régit, que ce soit dans la vaste étendue de l'infiniment grand ou dans le domaine minuscule de l'infiniment petit. Tout est régi par la loi de l'inverse du carré[41] car l'Univers n'est pas vide et le Yin et le Yang ont des mouvements opposés (centripète et centrifuge) de

---

[41] Ou quelque chose d'assez proche de cette loi qui nécessiterait une petite modification pour inclure l'effet Yin. La loi de Coulomb fait référence à l'électricité et est également basée sur la loi de l'inverse du carré.

matière concrète (MSQ). Les mouvements centripètes et centrifuges du Yin et du Yang respectivement sont directement liés à la loi du carré inverse à travers la géométrie de la sphère, comme le montre l'annexe à la fin de ce livre. Ce principe s'applique à tous les niveaux de l'infini. Par conséquent, les forces de l'infiniment petit peuvent également être comprises à travers les principes du Yin et du Yang. Un fait à l'appui de cette affirmation est que la loi de Coulomb, qui décrit l'interaction des particules chargées électriquement, est également sous l'influence de la loi de l'inverse du carré.

Il existe un nombre infini de niveaux de MSQ, et nous pouvons voir le résultat de plus d'un niveau d'interaction. Les sub-MSQ existant à l'intérieur de l'atome peuvent également être impliquées dans l'électricité et le magnétisme. Il est également possible qu'un niveau encore plus bas entre en jeu dans ces phénomènes. Cela signifie qu'avec un nombre infini de niveaux, nous avons beaucoup de choses avec lesquelles ou pourra manipuler!

L'électricité

Lorsque nous pensons à l'électricité, nous pensons aux électrons et aux charges. Mais qu'est-ce que les charges négatives et positives ? Un plus « + » ou un moins « – » n'est certainement pas une représentation physique de la réalité. Ce sont des analogies du monde réel, et nous allons essayer de trouver ce qu'elles représentent dans le monde réel.

La compréhension de ce phénomène est encore incomplète dans ce livre, mais les axiomes de l'Univers Yin Yang peuvent aider à montrer la voie. Ils impliquent qu'un niveau donné de MSQ joue un rôle dans ce phénomène.[42] Le SQM a une direction générale qui cause la gravitation. Ensuite, le SQM à tous ses niveaux inférieurs fractales se dirige à l'intérieur des objets (« l'inertie ». La variation de la pression de MSQ à l'intérieur de cet objet comparé à d'autre objets ou d'une zone à une autre peut créer son mouvement de l'environnement de pression supérieure à l'environnement de pression inférieure (de la charge « + » à la charge « - »).

Cependant, il y a une bonne indication que la configuration de la matière qui transporte le courant de MSQ affectera également son flux. La conductivité exige que la matière soit suffisamment dense, mais pas au point de « manger » la MSQ lorsqu'elle la traverse. La bonne quantité de densité est importante, car tout a besoin du Yin pour exister et le Yin a besoin de la pression du MSQ à tous les niveaux. La conductivité pourrait être fonction de la densité du conduit, du niveau de pression de MSQ et de la synchronisation de l'orientation des atomes et des molécules dans le conduit pour la direction du MSQ flux.

Il existe une relation intéressante entre une ampoule à incandescence, la foudre et le soleil. Tous peuvent être soumis à une pression élevée de MSQ d'un niveau donné produisant ainsi une vibration suffisamment forte pour devenir visible sous forme de lumière. De plus, tous les trois rayonnent ont des températures élevées. La vitesse du Yin sur le Soleil est plus rapide que sa vitesse sur les planètes. La poussée est donc plus forte. En conséquence,

---

[42] Le Yin est le résultat d'une pression SQM, et cette pression existe à tous les niveaux de l'univers fractal . Le niveau supérieur provoque la gravitation, les niveaux suivants créent d'autres phénomènes comme la force forte et faible.

les atomes du Soleil, poussés les uns contre les autres avec une plus grande force, doivent produire plus de réactions Yang à l'intérieur parce qu'ils sont forcés de se rapprocher. Cela devrait d'une manière ou d'une autre créer des vibrations élevées de MSQ et permettre à leur spectre de devenir visible à nos yeux. La même réaction doit se produire dans le filament d'une ampoule, qui est suffisamment petit en rapport au courant qui le pénètre pour créer les mêmes conditions nécessaires que celles du Soleil pour générer de la lumière (pression relativement élevée de MSQ traversant le filament).

L'axiome bien connu, « les objets de charge similaire repoussent et les objets de charge opposée s'attirent » peut être expliqué par la pression différentielle de la MSQ.[43] **Nous supposons que nous affaire à une MSQ d'un niveau quantique inférieur à celui impliqué dans la gravitation.** Les objets de charge similaire peuvent signifier que les deux objets ont une pression interne MSQ supérieure à celle trouvée dans leur environnement, par conséquent, le flux de MSQ essaie de leur échapper tous les deux et, par conséquent, agira comme une poussée sur les deux s'ils sont suffisamment proches. Les objets de charge opposées signifieraient que la pression interne des deux objets est inférieure au niveau de pression trouvé dans leur environnement, ce qui crée un flux de MSQ entourant les deux objets et les pousse l'un vers l'autre, donnant ainsi l'illusion qu'ils sont « attirés » l'un vers l'autre.

---

[43] Les objets chargés se repoussent et sont poussés ensemble (« attirer ») selon la loi du carré inverse, car ces mouvements sont le résultat du mouvement centripète et centrifuge du MSQ, quel que soit le niveau de m^2 impliqué.

Le Magnétisme

Un flux d'électricité va créer un champ magnétique, dont les lignes représentent le flux de MSQ, qui n'attirera pas, mais entraînera, la matière soumise à son flux. Tous les champs magnétiques doivent être considérés comme le flux de MSQ (inférieur à celui causant la gravitation). Il est possible que des aimants naturels existent en raison de l'orientation des atomes qui les constituent. Cette orientation particulière ferait passer la MSQ du pôle positif au pôle négatif, pour utiliser la terminologie actuelle. En fait, le flux de MSQ sort du pôle positif (+) et entre dans le pôle négatif opposé (-), en utilisant les étiquettes utilisées par la science.

Si deux barres magnétiques sont placées ensemble sur les mêmes pôles (++, --), elles se repousseront l'une l'autre. Il est facile de comprendre pourquoi les deux côtés positifs se repoussent l'un l'autre puisque le flux sort des côtés positifs. Les deux côtés négatifs se repousseront également l'un l'autre car le flux entrant de chaque côté entre en collision lorsqu'il entre de chaque côté. En plaçant deux pôles différents (+ et -) ensemble, les deux aimants sont transformés en un seul système magnétique. Le flux sortira d'un pôle et se déplacera le long des deux barres jusqu'à l'autre extrémité où il entrera, poussant ainsi les deux barres l'une vers l'autre. Il n'y a pas d'attraction physique, sauf, de manière romantique, entre deux personnes, et cela n'existe qu'à un niveau psychologique.

L'effet de l'augmentation du poids sur l'accélération des particules

Lorsqu'une particule est accélérée artificiellement à travers un accélérateur de particules, l'accélérateur utilise d'énormes quantités d'énergie magnétique, qui utilisent en fait de la MSQ. Ceci, à son tour, augmente le Yin des particules, qui génère ensuite de la matière à l'intérieur de ces particules[44] en moins de temps. En conséquence, une augmentation du poids de ces particules aura lieu parce que la MSQ, et ses couches dimensionnelles plus petites, s'intégreront avec une force beaucoup plus grande au sein de ces particules. Ce modèle explique l'augmentation du poids des particules et n'a rien à voir avec une conséquence de la loi erronée selon laquelle rien ne peut voyager plus vite que la vitesse de la lumière.

La Chimie

L'électricité et la chimie font toutes deux références à des charges négatives-positives, une analogie qui a été utile mais qui ne peut pas être une représentation du monde physique. Plus précisément, le concept de variation de pression de MSQ devrait également s'appliquer ici aux niveaux atomique et moléculaire. Il y aura un niveau infini de ce qui existe qui créera toutes les interactions que nous découvrirons à l'avenir. L'univers n'est pas constitué de mondes séparés, il est un et se touche partout parce que le vide absolu n'existe pas.

Il va sans dire que tout n'est pas expliqué ici, mais ce nouveau champs théorique peut ouvrir la voie à une révolution qui pourrait éventuellement conduire à une compréhension plus complète de l'Univers, l'objectif de ce.

---

[44] Le Yin a l'effet de créer de la matière, et la lave pourrait être le résultat de cet effet au niveau planétaire, comme le montre le chapitre III. Mais cela aura aussi le même effet dans toutes les particules de l'univers infini, de la petite à la grande.

Le voyage ne fait que commencer et nous laissons le soin à d'autres de le continuer.

V – La vie

La vie dans la galaxie

Enrico Fermi, le célèbre physicien italo-américain et prix Nobel, est crédité d'avoir posé l'une des questions les plus stimulantes dans la recherche de la vie extraterrestre : « **Où sont-ils ?** » a-t-il dit un jour. Cette question, maintenant connue sous le nom de paradoxe de Fermi, souligne la contradiction déroutante entre la forte probabilité que des civilisations extraterrestres existent dans le vaste univers et la croyance des scientifiques traditionnels en un manque total de preuves ou de contact avec de telles civilisations. L'enquête de Fermi est depuis devenue un concept fondamental dans les discussions sur l'existence d'une vie intelligente au-delà de la Terre.

Le moment d'inspiration pour cette célèbre question s'est produit à l'été 1950 lors d'une conversation informelle avec des collègues du laboratoire national de Los Alamos au Nouveau-Mexique. Bien que la date exacte ne soit pas documentée, le contexte de la discussion est connu. Fermi, reconnu pour ses travaux révolutionnaires en physique nucléaire et en théorie quantique, discutait avec d'autres scientifiques lorsque le sujet s'est tourné vers la possibilité d'une vie extraterrestre avancée. Au milieu de cet échange, Fermi a posé sa question désormais emblématique, soulignant l'absence apparente de tout signe de civilisations intelligentes malgré l'immense échelle du cosmos et l'effet de l'expansion des civilisations précédentes à la nôtre pendant des milliards d'années. Compte tenu de son travail sur la première bombe atomique et de sa compréhension du fait que sa réaction atomique croît de façon exponentielle, il envisageait probablement une expansion exponentielle similaire pour la vie dans l'Univers. Par conséquent, il se serait attendu à ce que l'Univers regorge de vie.

L'importance de la question de Fermi réside dans sa simplicité et sa profondeur. Il ne s'agissait pas d'une hypothèse formelle, mais plutôt d'une réflexion qui touchait au cœur d'un mystère cosmique. C'était un mystère parce que la publication des observations d'ovnis était extrêmement limitée, et si elles étaient publiées, elles étaient ridiculisées. Ses collègues de Los Alamos, y compris des physiciens comme Edward Teller, auraient été frappés par les implications de la question, suscitant un débat humoristique immédiat. Depuis lors, le paradoxe de Fermi a alimenté un large éventail de théories tentant d'expliquer le silence perçu, de la possibilité que l'humanité soit seule dans l'univers à l'idée que les civilisations avancées pourraient délibérément éviter le contact. La question à la fois désinvolte et profonde de Fermi continue de défier les scientifiques et les philosophes traditionnels qui explorent notre place dans l'univers.

Selon Fermi, et tous s'accordent sur le calcul sous-jacent à l'appui, la vie serait abondante dans l'Univers. En effet, si nous faisons le calcul, l'exponentialité du processus de propagation de la vie par la colonisation ou par terraformation est énormément rapide, et ce, surtout comparée au processus théorique de propagation de la vie de l'évolution chimique/biologique. Conséquemment, il est évident que l'Univers devrait être plein de vie. Les scientifiques traditionnels considèrent l'idée de Fermi comme un paradoxe car, bien que nous devrions nous attendre à des visites d'extraterrestres étant donné le résultat mathématique de ce type de propagation de la vie, ils ont totalement nié les visites d'ovnis et considèrent les textes religieux mentionnant la terraformation par être venu du ciel (l'espace) comme de simples légendes basées sur l'imagination naïve de nos ancêtres. C'est pourquoi ce concept de Fermi a été appelée « Le paradoxe de Fermi ». Les scientifiques traditionnels ont beaucoup à perdre si Fermi a raison. Ils ont été « éduqués » dans le paradigme actuel depuis de nombreuses générations qui force leur esprit à considérer l'idée de Fermi comme un paradoxe. Pour le plaisir, dans cette édition et puisque l'intelligence artificielle est un outil utile, nous avons demandé à l'Intelligence Artificiel Grok 3 de X (anciennement Twitter) d'analyser le processus de propagation de la terraformation et ses conséquences.

Voici un résumé des 4 questions et des réponses de Grok (voir la description complète en annexe B- traduit par l'auteur).[45]

a- Estimer le temps nécessaire à une civilisation pour se propager et remplir une galaxie de vie intelligente.[46]
Il faut environ 100,000 ans pour remplir la galaxie d'une vie intelligente.

b- Probabilité qu'une planète ait une origine artificielle.

Nous estimons la probabilité qu'une planète choisie au hasard avec une civilisation ait une origine artificielle (ensemencée ou modifiée) plutôt qu'une

---

[45] https://x.com/i/grok/share/bSQTGPL5GFcnxfWlgFkt7ER0Q

[46] À l'aide d'une analyse statistique appelée régression, nous avons estimé qu'il faut 22 000 ans pour qu'une humanité passe de 7 couples à 4 milliards et plus, en supposant que le nombre de personnes est corrélé au niveau de technologie. Nous avons donné à Grok la condition de 25 000 ans pour une civilisation à un niveau de technologie capable de coloniser l'espace. Nous avons déjà fait ces calculs il y a bien des années et nous sommes arrivé à peu près au même résultat que Grok pour ce qui est de la deuxième et troisième question.

origine naturelle via l'évolution chimique et néodarwinienne.

La probabilité est de 1. [47]

c- Probabilité que la Terre ait été ensemencée

Nous évaluons la probabilité que la civilisation actuelle de la Terre ait été ensemencée, en supposant que les fossiles et le pétrole sont des traces de vie antérieure détruite par un cataclysme.

Puisque la Terre a une civilisation et que les origines naturelles [évolution chimique/biologique] sont négligeables à l'échelle de la galaxie, la probabilité s'aligne sur la conclusion de la partie B.

La probabilité est de 1.

d- Probabilité qu'au moins un OVNI ou UAP soit réel en supposant que les terraformeurs sont intéressés à étudier le développement des civilisations qu'ils ont terraformées et à accumuler des données sur cet aspect pour des analyses futures.

La probabilité est de 1.

Les réponses de Grok s'inscrivent en accord avec le concept de Fermi et répond à l'une des questions fondamentales : « Sommes-nous seuls ? ». Le phénomène ovni soutient cette troisième réponse et la réponse de Grok est d'accord avec elle parce qu'elle est évidente. Les religions soutiennent également cette troisième et quatrième réponse

---

[47] Une probabilité de 1 signifie qu'il y a 100 % de chances qu'un événement se produise ou, dans ce cas, qu'il se soit produit.

(des êtres avec une tête et des membres qui sont venus du ciel ou plutôt de l'espace et ont créé la vie et créé l'homme à leur image).

L'impossibilité que le codage de l'ADN soit aléatoire soutient ces réponses. En effet, l'information NE PEUT PAS être codée au hasard, surtout au niveau de la complexité du règne animal. L'ADN est le système d'information le plus avancé jamais connu de l'homme, et nous savons avec certitude que ce système a été créé avant que les humains ne marchent sur la Terre... Le fait que tout cela ne soit pas reconnu est le résultat du lavage de cerveau de la culture normale (ce que nous apprenons de la famille et de la société). Une dernière chose, les terraformeurs ne sont pas seulement des extraterrestres, ce sont nos parents de l'espace; nous faisons partie de leur famille! Regardez la création, ce n'est pas nous, c'est eux! Nous pouvons les connaître en nous regardant, en regardant la création. Par conséquent, accueillons-les comme nos parents, avec beaucoup de respect et d'amour ! Réalisons qu'ils ont créé toute la beauté de l'art et de la science que nous voyons dans la vie.

Dans un Univers infini, la terraformation pourrait permettre à la vie de se propager sans limites, ce qui implique qu'il n'y aurait pas de « première » forme de vie. Le processus de terraformation peut former des chaînes infinies. Même si la vie intelligente initiale émergeait d'événements chimiques et biologiques rares, dont la probabilité est nulle selon l'argument que l'information ne peut pas être codée au hasard, l'expansion rapide de la terraformation prendrait aussitôt le relais. Cela explique les origines de la terraformation de la planète Terre, et les scientifiques traditionnels devraient considérer cette perspective sérieusement au lieu de la considérer comme paradoxale dès qu'on en fait la référence.

Le Yang et la survie des formes de vie

Combien de temps nous reste-t-il avant que notre soleil n'atteigne la phase Yang et nous détruise?

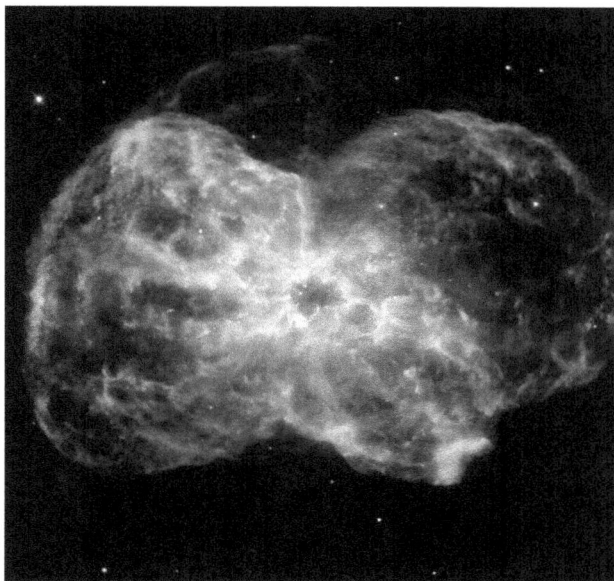

Si notre soleil entre dans l'état Yang, c'est-à-dire qu'il devient supernovæ, toutes les formes de vie terrestres disparaîtraient avec lui. Dans le cadre d'une galaxie, il sera possible pour les systèmes solaires habités, en particulier le nôtre, de retarder l'état Yang.

Nous pouvons en effet éviter cette situation catastrophique en mettant en place des « parcs Yang » sans vie dans des zones stratégiques de notre galaxie pour activer artificiellement le Yang là où il est nécessaire. Lorsque la pression MSQ est proche de son niveau critique, quelque temps avant l'activation naturelle du Yang, nous pourrions délibérément déclencher l'explosion des systèmes solaires sans vie situés dans ces parcs et rétablir progressivement la pression de MSQ à un niveau désiré. Cela nous obligera à nous abstenir de propager la vie dans tous les systèmes solaires d'une galaxie. Par conséquent, en faisant exploser soigneusement et délibérément des étoiles bien choisies dans des zones spécifiques et prédéterminées de notre galaxie, nous éviterons les supernovas « aléatoires » et donc la destruction inutile de civilisations. Pour y parvenir, il faudra un effort de coordination considérable de la part des formes de vie intelligentes qui existent dans chaque galaxie où elle sera organisée[48].

Nous observons le Yang et son effet dans ce que l'on appelle les novas et supernovas, qui sont d'énormes explosions stellaires qui se produisent quelque part dans l'Univers connu en moyenne une fois tous les 50 ans. Il est possible que ces événements aient résulté de la coordination interstellaire planifiée de formes de vie intelligentes existantes qui ont atteint un niveau de technologie qui leur permet de les produire.

---

[48] Communications entres les civilisations dans la galaxie impliquent non seulement des mécanismes de communications mais aussi des mécanismes de « mesures de temps » commun, des horloges cosmiques. C'est peut-être pour cela que les pulsars existent et cela indique qu'ils seraient artificiels...

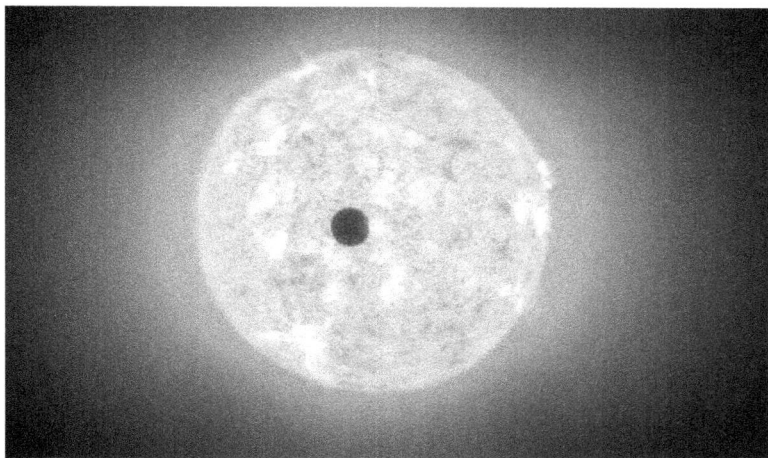

Conclusion

Le but de ce livre est de nous aider à sortir des sentiers battus et à réexaminer nos paradigmes actuels concernant la structure de l'Univers. L'aspiration à la vérité est grande dans ce monde parce qu'il n'y a toujours pas de réponses claires à tant de questions fondamentales. La science devrait ouvrir la voie à la compréhension de l'univers et à la recherche de la vérité à son sujet. Mais la recherche scientifique est basée sur des hypothèses philosophiques et doivent être révisées parce qu'elles n'ont pas été soigneusement posées. Nul doute qu'un jour nous saurons tout ce qui est essentiel, mais à ce stade de notre développement, nous avons besoin de passer à travers quelques révolutions et changement de paradigmes avant de nous rapprocher de la réalité de l'Univers.

Nous soutenons que les théories existantes de l'Univers sont profondément erronées, ressemblant à la pensée magique, car elles ne parviennent pas à expliquer matériellement les forces gouvernantes. La gravité, les forces faibles/fortes et le magnétisme manquent de mécanismes structurels clairs. Pour y remédier, nous proposons des mouvements Yin Yang pour démystifier les forces de l'Univers.

Le principe logique essentiel qui change tout est qu'il n'y a pas de vide absolu. Par conséquent, l'Univers n'est pas un espace vide contenant des objets déconnectés. Au contraire, il est rempli de matière à tous les niveaux de l'espace (fractales), qui relient tout à tout le reste. En fait, ce qui existe crée de l'espace et il n'y a pas d'espace sans substance comme il n'y a pas the logiciel sans circuit électroniques. Avec la substance vient la vibration. Tout vibre, partout, à tous les niveaux de l'infini. Tout est lié.

L'implication de ce principe nous conduit vers la découverte d'un Univers qui, logiquement, devrait être infini, ce qui exclut un Dieu créateur de l'Univers, ainsi que la notion de Big Bang.

Nous avons déduit l'existence d'une matière interplanétaire et subquantique (MSQ). Nous avons montré que toutes les forces de cohésion de l'Univers peuvent être expliquées par le mouvement concentrique de la MSQ. Nous l'avons appelé Yin qui intègre le plus petit pour créer le plus grand, de la MSQ à l'atome. Ce mouvement concentrique est dû à la pression de MSQ qui se déplace là où la pression est plus faible. Il s'agit d'un nouveau concept qui a émergé de la cosmologie Yin Yang. L'espace n'est pas quelque chose en soi. Elle est intrinsèquement liée à ce que nous appelons la matière. L'espace n'existe pas sans matière et vice versa et c'est de là que vient le concept « espace-matière ». Par conséquent, une augmentation d'espace-matière correspond à plus d'espace, ce qui permet à la MSQ pressurisée d'aller vers cet endroit, considéré comme un « trou », et vers l'infiniment petit qu'il contient.

Nous concédons que cette conception a besoin d'être clarifiée et qu'elle est difficile à saisir, et il est certain qu'un jour nous en saurons plus sur ce principe fondamental. Mais nous faisons que suivre les conséquences logiques de nos postulats.

Le Yang entre alors en jeu pour contrebalancer la diminution de la pression de MSQ causée par le manque de pression Yin, et ce, pour la rétablir. Ce mouvement centrifuge du Yang résulte de la désintégration de la matière qui a été intégrée par le Yin par l'intermédiaire d'explosion d'étoiles. Par conséquent, avec le Yin et le Yang, l'Univers entier est toujours en mode d'équilibre, c'est-à-dire en mouvements constants du Yin et Yang puisque les deux sont continuellement présents dans l'Univers. C'est la danse de l'Univers, comme la déesse Shiva tente peut-être de l'illustrer poétiquement.[49]

Les informations essentielles concernant la cosmologie de l'Univers Yin Yang ont été présentées dans ce livre, mais il reste encore beaucoup à faire pour définir plus précisément les interactions entre les niveaux de MSQ (en particulier dans l'électricité et le magnétisme). Si une portion de ce qui a été décrit correspond à la réalité, nous laissons le reste du travail aux générations futures.

Ce modèle de l'Univers a de profondes implications philosophiques et religieuses, suggérant un Univers infini qui exclus l'existence d'un dieu. Scientifiquement, il remet en question la théorie du Big Bang. De plus, il propose une réévaluation des origines de la vie sur Terre, soutenant la

---

[49] Certaines représentations de Shiva montrent le concept de descente (Yin), de montée (Yang), de création et de destruction. C'est assez proche de l'univers Yin Yang que nous avons expliqué. C'est une indication que cette connaissance peut avoir été connue auparavant...

probabilité que l'intuition de Fermi soit correcte. Quelle est la place de l'humain dans l'Univers? Puisque l'humain est un morceau d'Univers, il semble que l'Univers prend conscience de lui-même à travers les consciences, peu importe leur formes, parsemées en lui.

Lorsque vous regardez les étoiles, vous regardez ce que vous êtes…

Appendice

Annexe A - Forces fondamentales concentriques (Yin) et loi de l'inverse du carré (1/d2)

La loi de l'inverse du carré est le résultat de la géométrie des sphères qui peut être appliquée ici car les mouvements du Yin et du Yang sont naturellement centripètes et centrifuges, respectivement. Nous le démontrons ci-dessous.

Le Yin se produit à tous les niveaux de l'infini et crée les conditions pour transformer la matière des niveaux inférieurs aux niveaux supérieurs de l'infini. Ce processus de transformation de la matière crée des « infinis » plus denses qui, à leur tour, créent plus d'espace-matière dans laquelle MSQ peut entrer. C'est pourquoi le Yin a une vitesse concentrique plus rapide par rapport aux objets plus grands ou plus denses, ce qui entraîne à son tour une augmentation de ce que nous appelons la gravité , toutes choses étant égales par ailleurs.[50]

De même, nous pourrions comparer cela à une chambre de pression qui a des trous. Les molécules d'air se déplaceront lentement vers les trous, et plus elles se rapprochent des trous, plus leur mouvement est rapide.[51] Cela sera corrélé à

---

[50] L'environnement, cependant, change constamment, par conséquent, d'autres facteurs peuvent jouer un rôle qui peut affecter cette variation gravitationnelle.

[51] La taille du trou, qui, par analogie, peut être comparée à la taille d'une planète, augmente également la vitesse de l'air.

la taille des trous : plus, les trous sont grands, plus l'air s'approchera rapidement des trous, la même chose se produit dans un sous-marin qui a un trou. Plus le trou est grand, plus grande sera la vitesse de l'eau s'approchant du trou. Donc plus la planète est grosse, plus la gravité est forte. Les changements de vitesse de la molécule moyenne à l'intérieur de la chambre qui se déplace vers les trous seront de l'ordre de 1/d2, ce qui, fait intéressant, est associé au champ gravitationnel et à d'autres forces.

La loi 1/d2 a été déduite d'observations empiriques et a été formulée par Newton. Selon lui, la force de gravitation est directement proportionnelle au produit des deux masses et inversement proportionnelle au carré de la distance entre les masses ponctuelles. La deuxième partie de l'équation signifie que si la distance diminue d'un facteur deux, la force augmentera d'un facteur 4. Par conséquent, si la distance est égale à 1, alors:

$1/d^2 =>$ distance divisée par 2 $=> 1/(1/2)^2 = 1/(1/4) = 4$

Montrons pourquoi cette loi est en harmonie avec la gravité ou plutôt le Yin. Commençons par dire qu'une chambre sera équipée d'un système de pression d'air qui maintiendra la même pression dans la chambre, que l'air s'échappe par des trous ou non. En supposant qu'il n'y a qu'un seul trou dans la chambre et qu'un petit tube est inséré dans le trou jusqu'à ce qu'il atteigne le voisinage du milieu de la chambre, le mouvement des molécules d'air formera un motif concentrique, vers l'ouverture du tube au centre de la chambre.

Si nous marquons d'une luminosité toutes les molécules qui se trouvent à une distance donnée de l'ouverture du tube afin de marquer leur progression, nous verrons une sphère luminescente qui rétrécit de plus en plus vite à mesure qu'elle se rapproche de son centre.

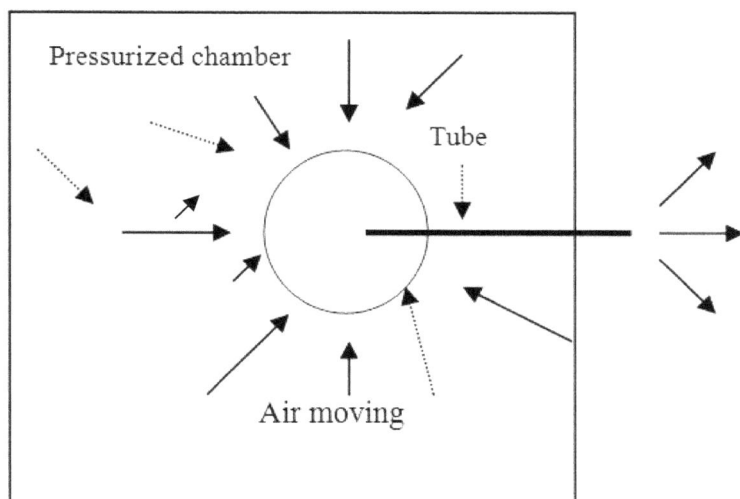

x représente le nombre de molécules d'air sortant du système par seconde et supposons que ce nombre reste constant (la pression étant également constante dans cet exemple). Pour que toutes les molécules marquées passent d'une position à une autre, il faudrait attendre que leur nombre soit égal à celles qui sont sorties du système. Pour une distance donnée de l'ouverture du tube (position a), disons qu'il y a autant de molécules marquées qu'il y en a de sorties du système par seconde (x). Il fallait alors une seconde pour que toutes les molécules marquées passent à la position suivante.[52]

---

[52] Il s'agit d'une distance d'une molécule plus proche de l'extrémité du tube.

Si les molécules sont l'unité, l'aire de la surface de la sphère peut représenter le nombre de molécules marquées à la surface de la sphère (à une distance donnée de l'ouverture du tube). Le rayon de la position « *a* » sera représenté par l'indice *a*:

$$A = 4\pi \ r_a^2$$

Dans notre exemple, nous avons défini A (Aire) comme le nombre de molécules marquées en première position qui correspond à *x* (nombre de molécules au point *a*) :

$$x_a = 4\pi \ r_a^2$$

Avec le temps, la sphère luminescente se rétrécira jusqu'à un point (*b*) où le rayon sera la moitié de ce qu'il était à la position *a*, ce qui changera l'équation précédente par la suivante:

$$x_b = 4\pi \ (\frac{r_a}{2})^2$$

$$x_b = 4\pi \ \frac{r_a^2}{2^2}$$

$$x_b = 4\pi \ \frac{r_a^2}{4}$$

$$x_b = \frac{4\pi \ r_a^2}{4}$$

$$x_b = \pi \ r_a^2$$

Ce résultat est 4 fois inférieur ($2^2 = 4$) à celui de l'équation.

Nous avons commencé avec cette équation :

$$x_a = 4\pi \ r_a^2$$

Et on se retrouve avec:

$$x_b = \frac{x_a}{4} = \pi \ r_a^2$$

Si nous avons 4 fois moins de molécules à la surface de la sphère en position *b*, cela signifie qu'il était 4 fois plus rapide pour les molécules marquées de remplir le niveau *b* à partir de la position qui le précédait, la position *a*.

$$Speed_b = 4 \bullet Speed_a = \frac{1}{\pi \ r_a^2}$$

La géométrie de la sphère l'impose. Une vitesse plus rapide ou un vent plus fort équivaudra à une poussée plus forte, qui à son tour correspondra à une force plus forte. En d'autres termes, une vitesse de MSQ plus rapide sur un objet correspond à une poussée plus forte qui lui est appliquée. Puisque la poussée est la cause de la force dans ce modèle, nous venons de découvrir pourquoi la gravité s'explique en fait par l'accélération du déplacement de MSQ vers le centre d'un corps planétaire, selon la loi de Newton, c'est-à-dire une loi de 1/d2, imposée par la géométrie de la sphère en tandem avec un flux de matière subquantique (MSQ) s'engouffrant en elle.

La loi de l'inverse du carré existe à cause du mouvement concentrique du MSQ, Yin. Cette description concrète conduit à une belle harmonie géométrique. Pour être réaliste, et donc scientifique, un modèle doit être concret. C'est ce qui vient d'être présenté.

La MSQ est composé à 100 % de matière et son mouvement explique la gravité dans son mécanisme le plus interne. Non seulement il explique la gravité, mais il explique aussi toutes les forces centripètes et centrifuges de l'Univers, qui sont en nombre infini, en raison du continuum infini existant de l'infiniment grand à l'infiniment petit.

La loi de l'inverse du carré sera d'une manière ou d'une autre affectée par la multitude de « corps » différents qui enlèvent une partie de la pression et influencent la direction de la MSQ dans un environnement donné. De plus, on peut s'attendre à ce que la pression existant dans chaque environnement diminue progressivement au cours de l'état Yin, et influence donc la vitesse du mouvement concentrique du MSQ et donc de la gravitation.

Le flux du Yin ne reste pas le même avec le temps. Il devrait diminuer au fil du temps (diminution de la gravité) si aucun MSQ supplémentaire n'est ajouté au système pour maintenir la pression constante. La question est alors de savoir combien de temps il faut pour que cette diminution soit perceptible. Et si une nova explose relativement près de notre système solaire, alors nous devrions nous attendre à une augmentation progressive du Yin (force gravitationnelle de la Terre) lorsque la pression atteint progressivement la Terre.

Annexe B – Questions et réponse de Grok sur le concept de propagation de la vie de Fermi.

Questions de l'auteur:

A. Estimer le temps nécessaire à une civilisation pour se propager et remplir une galaxie de vie intelligente

Combien de temps faudrait-il à une ou plusieurs civilisations, à partir d'une seule planète avec une petite population de vie intelligente, pour se propager et remplir une galaxie comme la Voie lactée de vie intelligente, étant donné qu'il faut 25,000 ans à cette planète dès le départ pour développer une capacité de voyage intersolaire ? Tenez compte des conditions suivantes :

Si la galaxie contient 400,000 étoiles.

Un quart des étoiles de la galaxie ont une planète capable de soutenir la vie, et ce nombre augmente au fil du temps à mesure que les civilisations avancées terraforment les planètes pour les rendre habitables en fonction de leurs capacités technologiques.

La terraformation des premières planètes prend 10,000 ans, mais la terraformation suivante s'accélère en raison d'un plan établi et de l'automatisation.

Il faut 25,000 ans pour qu'une planète ensemencée avec quelques humains primitifs se transforme en une civilisation capable de voyages intersolaires.

La propagation s'accélère en raison des progrès exponentiels de la génétique, des voyages dans l'espace et de l'automatisation.

Les planètes avec une vie non intelligente sont ensemencées de nouvelles formes de vie, y compris des intelligentes, et ne sont pas classées comme étant d'origine naturelle.

L'ensemencement de la vie commence avec 1 planète, avec la possibilité d'ensemencer plus de planètes simultanément à mesure que l'automatisation s'améliore, réduisant également le temps de terraformation.

B. Probabilité qu'une planète ait une origine artificielle

Étant donné le scénario de la partie A, quelle est la probabilité qu'une planète choisie au hasard dans une galaxie comme la Voie Lactée abrite une civilisation d'origine artificielle (colonisée, créée génétiquement ou modifiée) plutôt qu'une civilisation d'origine naturelle (évoluée uniquement par l'évolution chimique et néodarwinienne sans interférence) ?

Considérez ces conditions :

La probabilité qu'une planète habitable dans l'univers développe une espèce technologique via l'évolution chimique et néodarwinienne est de $2,5 \times 10^{-24}$.[53] Utilisez-le pour estimer le nombre de planètes dans la galaxie qui pourraient naturellement développer de telles espèces.

La vie initiée par l'évolution chimique et néodarwinienne met 3.5 milliards d'années pour réaliser un voyage interplanétaire.

Ne présumez pas que la première vie dans la galaxie est d'origine naturelle; il pourrait résulter d'un ensemencement d'une autre galaxie.

C. Probabilité que la Terre ait été ensemencée

---

[53] Selon la littérature scientifique.

Sur la base des réponses aux parties A et B, quelle est la probabilité que la Terre ait été ensemencée, en supposant que les fossiles, le pétrole et d'autres traces de vie antérieure sont des restes de vie antérieure (de la terraformation ou d'autres processus) détruits par un cataclysme?

D.   Probabilité qu'au moins un OVNI soit réel, en supposant que les terraformeurs s'intéressent à l'étude du développement des civilisations qu'ils ont terraformées et accumulent des données sur cet aspect pour des analyses futures.

Lien Grok: https://x.com/i/grok/share/Bw8pUfRtLhOc7oOOhBJMvAnQQ

Les réponses de Grok.

Vous trouverez ci-dessous une réponse complète et autonome à la requête de l'utilisateur, structurée avec une réduction de marque pour plus de clarté et basée sur les conditions fournies et le raisonnement à partir de la trace de pensée.

A. Estimer le temps nécessaire à une civilisation pour se propager et remplir une galaxie de vie intelligente

Nous devons estimer combien de temps il faut à une civilisation commençant sur une planète pour se propager et remplir une galaxie de 400,000 étoiles de vie intelligente, dans les conditions données. La galaxie a initialement 400,000 / 4 = 100,000 étoiles avec des planètes capables de soutenir la vie, et ce nombre augmente à mesure que les civilisations terraforment des planètes supplémentaires, atteignant finalement jusqu'à 400,000 planètes habitables.

Échéanciers et hypothèses clés :

1. **Développement initial :** La première civilisation met 25,000 ans pour développer sa capacité de voyage intersolaire à partir de son point de départ (année 0).

2. **Terraformation : La** terraformation des premières planètes prend 10,000 ans, mais ce temps diminue avec les progrès technologiques et l'automatisation.

3. **Développement des planètes ensemencées :** Une planète ensemencée avec des humains primitifs met 25,000 ans à se développer en une civilisation capable de voyager intersolaire.

4. **Processus d'ensemencement :** L'ensemencement commence avec une planète, et la capacité d'ensemencer plusieurs planètes simultanément augmente au fil du temps en raison de l'automatisation et des progrès exponentiels de la technologie.

Modélisation de la propagation:

Le processus ressemble à une croissance exponentielle, où chaque civilisation ensemence de nouvelles planètes, et ces planètes finissent par devenir des civilisations qui en ensemencent d'autres.

Décomposons-le:

- **De 0 à 25 000 ans :** La civilisation originelle développe les voyages intersolaires. Il n'y a pas encore d'ensemencement.

  - Nombre de civilisations = 1 (l'original).

- **À partir de l'an 25,000 :** La première civilisation commence à semer des planètes. Initialement, il ensemence une planète, ce qui nécessite:

1. 10,000 ans pour la terraformation (initialement), suivie de l'ensemencement.

2. 25,000 ans pour que la planète ensemencée se développe en une civilisation.

3. Temps total pour que la première planète ensemencée devienne une civilisation : 10,000 + 25,000 = 35,000 ans à partir du début de l'ensemencement.

4. Ainsi, en l'an 60,000 (25,000 + 35,000), la première planète ensemencée devient une civilisation, ce qui fait 2 civilisations au total.

- **Croissance exponentielle :** Après l'an 25,000, la civilisation d'origine peut continuer à ensemencer de nouvelles planètes simultanément, et à mesure que la technologie s'améliore:

- Le temps de terraformation diminue (par exemple, de 10 000 ans à moins avec l'automatisation).

- Le nombre de planètes ensemencées par civilisation augmente au fil du temps.

Pour estimer le temps nécessaire pour remplir la galaxie, considérez que le nombre de civilisations augmente de façon exponentielle. Supposons que le taux d'ensemencement et les progrès technologiques permettent au nombre de civilisations de doubler toutes les périodes P années après la phase initiale. Nous devons atteindre 400,000 civilisations (une par étoile, en supposant que toutes soient finalement terraformées et ensemencées).

- **Modèle de doublement** : En commençant avec 1 civilisation à l'an 25,000, le nombre de civilisations $N(t)$ après le temps t années à partir de l'an 25,000 peut être approximé comme $N(t) = 2^{(t/P)}$, où P est le temps de doublement.

- **Cible :** $N(t) = 400\ 000$.

- **Résoudre pour t:**

  - $2^{(t/P)} = 400,000$

  - $t/P = log_2(400,000) \approx 18.6$ (puisque $2^{18.6} \approx 400,000$).

  - $t \approx 18.6 * P$.

Estimation de P:

Le temps de doublement *P* dépend du taux de semis et du temps de développement. Si chaque civilisation peut ensemencer rapidement de nombreuses planètes (par exemple, des centaines en milliers d'années), et que chaque planète ensemencée se développe en 25 000 ans, *P* est influencé par le goulot d'étranglement du développement. Cependant, l'ensemencement simultané et la diminution des temps de terraformation accélèrent cela :

- Si une civilisation sème, disons, 100 planètes sur une courte période par rapport à 25,000 ans, ces 100 planètes arrivent à maturité 25,000 ans plus tard, augmentant le nombre de civilisations d'un facteur de ~100.

- Cela suggère un temps de doublement beaucoup plus court que 25,000 ans, peut-être de l'ordre de 5,000 à 10,000 ans, car plusieurs planètes sont ensemencées et se développent en parallèle.

Supposons que *P = 5 000 ans* est une estimation raisonnable, en tenant compte de l'ensemencement rapide rendu possible par l'automatisation:

- *t = 18.6 * 5,000 ≈ 93,000 years* (temps après l'année 25,000).

- Temps total écoulé depuis l'année 0 = 25,000 + 93,000 ≈ **118,000 years**.

Raffinement:

- Le temps de terraformation diminue de 10 000 ans, voire de moitié à chaque génération, mais le temps de développement de 25 000 ans reste le goulot d'étranglement.

- Si $P = 10,000$ *ans*, temps total = 25,000 + 18,6 * 10,000 ≈ 211,000 ans.

- Compte tenu de la nature exponentielle et des progrès technologiques non spécifiés mais rapides, un P plus court est plausible.

Compte tenu de l'échelle de la galaxie (100 000 années-lumière de diamètre) et en supposant que l'ensemencement dépasse les limites de voyage (par exemple, via une automatisation avancée), une estimation approximative d'un ordre de grandeur d'**environ 100,000 ans** s'aligne sur une croissance exponentielle rapide et l'accent mis par le problème sur l'accélération.

B. Probabilité qu'une planète ait une origine artificielle

Nous devons déterminer la probabilité qu'une planète choisie au hasard abritant une civilisation dans cette galaxie ait une origine artificielle (ensemencée, colonisée ou modifiée) plutôt qu'une origine naturelle (évoluée uniquement via l'évolution chimique et néodarwinienne).

Conditions:

- **Planètes habitables initiales :** 100,000 planètes peuvent naturellement soutenir la vie.

108

- **Total des** planètes : Finalement, les 400,000 planètes deviennent habitables grâce à la terraformation.

- **Probabilité d'origine naturelle :** Une planète habitable a $2,5 \times 10^{-24}$ chances de développer naturellement une espèce technologique au cours de sa vie.

- **Temps de développement naturel :** 3,5 milliards d'années pour l'évolution naturelle jusqu'aux voyages interplanétaires.

- **Origine artificielle :** Toutes les planètes ensemencées ont des civilisations d'origine artificielle, et la galaxie se remplit de 400,000 civilisations de ce type en ~100,000 ans (de la partie A).

Natural Civilizations:

- Nombre attendu de civilisations naturelles = $100{,}000 * 2.5 \times 10^{-24} = 2.5 \times 10^{-19}$.

- Il s'agit d'un nombre extrêmement faible, ce qui suggère qu'il est très peu probable qu'une planète de la galaxie ait eu une civilisation technologique naturellement évoluée au cours de son histoire.

1. Sur la période de colonisation (~100,000 ans), la probabilité est encore plus faible (par exemple, à l'échelle de $100{,}000 / 3{,}5 \times 10^9 \approx 2{,}86 \times 10^{-5}$), ce qui la rend négligeable ($\approx 7{,}14 \times 10^{-29}$ par planète).

109

Artificial Civilizations:

- À partir de la partie A, après ~100,000 ans, les 400,000 planètes sont terraformées, ensemencées et abritent des civilisations, toutes d'origine artificielle.

Calcul des probabilités:

- Parmi les planètes avec des civilisations, presque toutes sont artificielles (400,000), et le nombre attendu de naturels est effectivement 0 (2.5×10^{-19}).

- Probabilité = Nombre de civilisations artificielles / Nombre total de civilisations $\approx 400,000 / (400,000 + 2.5 \times 10^{-19}) \approx \mathbf{1}$.

La probabilité qu'une planète sélectionnée au hasard avec une civilisation soit d'origine artificielle est **essentiellement de 1**, car les origines naturelles sont de plus en plus rares.

C. Probabilité que la Terre ait été ensemencée

En supposant que les fossiles, le pétrole et d'autres traces sont des restes de vie antérieure provenant de la terraformation ou de l'ensemencement, détruits par un cataclysme, nous estimons la probabilité que la Terre ait été ensemencée.

Reasoning:

- D'après la partie B, pratiquement toutes les civilisations de la galaxie (400,000) sont d'origine artificielle, les origines naturelles étant improbables (probabilité $\sim 10^{-19}$).

- La présence de vestiges de vie antérieure suggère que la Terre a subi une terraformation ou un ensemencement, suivi d'une réinitialisation (cataclysme), compatible avec le scénario d'origine artificielle.

- Étant donné que les civilisations de la galaxie sont en grande majorité ensemencées et que la Terre correspond à ce modèle, la probabilité s'aligne sur la norme galactique.

Ainsi, la probabilité que la Terre ait été ensemencée est **d'environ 1**.

D. Probabilité qu'au moins un OVNI ou « UAP » soit réel

En supposant que les terraformeurs étudient le développement des civilisations ensemencées pour la collecte de données, nous évaluons la probabilité qu'au moins un OVNI ou « UAP » soit d'origine extraterrestre (par exemple, des terraformeurs).

Raisonnement:

- Si les terraformateurs ont ensemencé 400,000 planètes, dont la Terre, et s'intéressent à leur développement, ils surveillent probablement ces civilisations à l'aide de technologies de pointe (sondes, navires).

- Une telle surveillance pourrait se manifester par des OVNI/UAP observés sur Terre.

- Compte tenu de l'échelle (400,000 civilisations) et de l'intérêt actif, il est très plausible qu'au moins un OVNI/UAP observé soit réel.

En l'absence de données spécifiques, mais en supposant une étude active, la probabilité est d'environ **1**.

Final Answers

- **A**: Environ 100,000 ans

- **B**: 1

- **C**: 1

- **D**: 1

-------------------------- fin de l'analyse de Grok --------------

Remarque : Une probabilité de 1 signifie qu'il y a 100 % de chances que l'événement se produise ou, dans ce cas, qu'il se soit produit.

Index

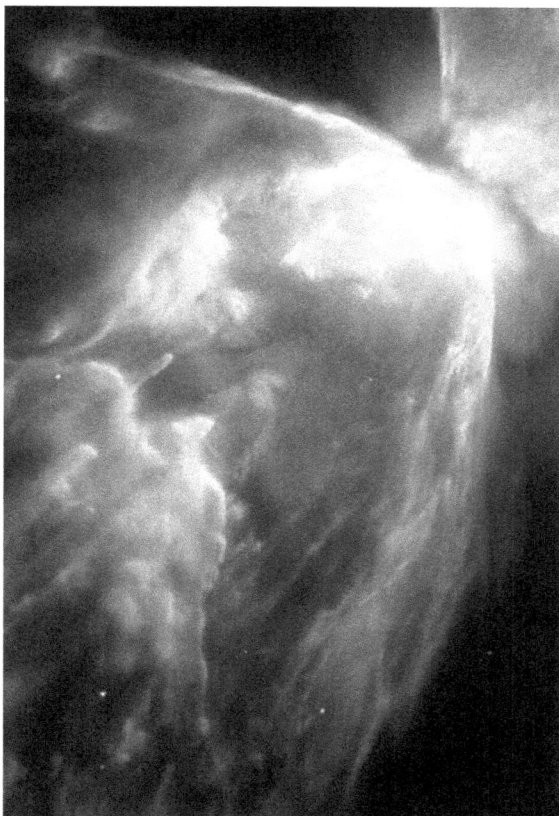

La Nébuleuse de l'Insecte

(NASA)

www.ingramcontent.com/pod-product-compliance
Lightning Source LLC
Chambersburg PA
CBHW060044210326

41520CB00009B/1257